图解

家装水电工
技能速成

洪斯君 主　编
许时桔 副主编

化学工业出版社

·北京·

本书以高清图片搭配相应文字的形式，生动、形象地讲解了家装水、电工程的知识与技能。内容包括水、电工程的基础知识，各种工具的运用，材料的用途介绍与选购，实际工程操作等，由浅入深，让没有水、电工经验的读者也能迅速地学会相关的知识，真正做到"家装水电，一本书就足够"的目的。

本书适合家装业主、希望从事和正在从事家装行业的水电工、自学水电就业者、物业水电工等相关人员阅读和参考。

图书在版编目（CIP）数据

图解家装水电工技能速成 ／ 洪斯君主编 ． - 北京：
化学工业出版社，2015.3（2023.4 重印）
ISBN 978-7-122-23162-8

Ⅰ．①图… Ⅱ．①洪… Ⅲ．①房屋建筑设备 - 给排水
系统 - 图解②房屋建筑设备 - 电气设备 - 图解Ⅳ．
① TU821-64 ① TU85-64

中国版本图书馆 CIP 数据核字（2015）第 039120 号

责任编辑：彭明兰　　　　　　　　　　　　装帧设计：刘剑宁

出版发行：化学工业出版社（北京市东城区青年湖南街13号　邮政编码100011）
印　　装：北京盛通数码印刷有限公司
710mm×1000mm　1/16　印张9¾　字数256千字　2023年4月北京第1版第18次印刷

购书咨询：010-64518888　　　　　　　　售后服务：010-64518899
网　　址：http://www.cip.com.cn
凡购买本书，如有缺损质量问题，本社销售中心负责调换。

定　　价：36.00元　　　　　　　　　　　　版权所有　违者必究

家装可以分为"面子工程"和"隐蔽工程","面子工程"指表面可见的装饰装修,而"隐蔽工程"是指隐蔽在墙内的水、电工程。大多数人对水、电工程都知之甚少,然而这一部分是关系到居家安全的部分,若施工处理不好,以后修理起来十分麻烦,还会引发居家安全问题。基于此,我们根据多年的实践经验,编写了本书。

本书以详细而又浅显的文字讲述了家装水电工的知识,包括各种施工工具的使用、材料的识别与应用、水电路图纸的阅读、水路和电路施工、装饰装修通用技能的介绍,以及暗装与明装技能。将专业知识化繁为简,使读者在阅读本书后,能够做好水电施工的监工,并处理家居中水、电路出现的问题,及时避免隐患的发生。

书中配有大量实际施工图片,以图文结合的形式讲解实际操作流程,并结合专业人士丰富的工作经验,详细说明最新的水电工知识。全书以专题形式进行讲解,内容共分为七个章节,第1章概述了家装水电基础知识,使读者对其有个基本了解;第2章介绍工具的使用;第3章和第4章介绍了水电施工材料;第5章讲解怎么看专业图纸;第6章和第7章介绍了水电专业技能。

书中内容适合希望从事或正在从事家居装饰装修行业的水电工和待装修业主阅读和参考,也适合水电工自学者、进城务工人员、回乡或下乡家装建设人员、物业水电工、农村基层电工、转业或创业人员阅读,还可供相关学校作为培训教材使用。希望通过本书,为家装设计师、广大家装爱好者提供一个交流和学习的平台。

本书由洪斯君主编,许时桔副主编,参与本书编写的有:杨正明、吴杨冬、洪明华、孙淼、叶萍、黄肖、邓毅丰、张娟、邓丽娜、杨柳、张蕾、刘团团、卫白鸽、郭宇、王广洋、王力宇、梁越、李小丽、王军、李子奇、于兆山、蔡志宏、刘彦萍、张志贵、刘杰、李四磊、孙银青、肖冠军、安平、马禾午、谢永亮、李广、李峰、周彦、赵莉娟、潘振伟、王效孟、赵芳节、王庶。

由于作者的水平有限,加之时间仓促,疏漏之处在所难免,恳切地希望广大读者批评指正。

编　者
2015 年 1 月

目 录
CONTENTS

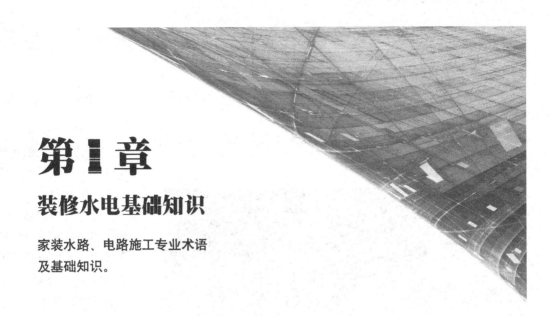

第1章

装修水电基础知识

家装水路、电路施工专业术语
及基础知识。

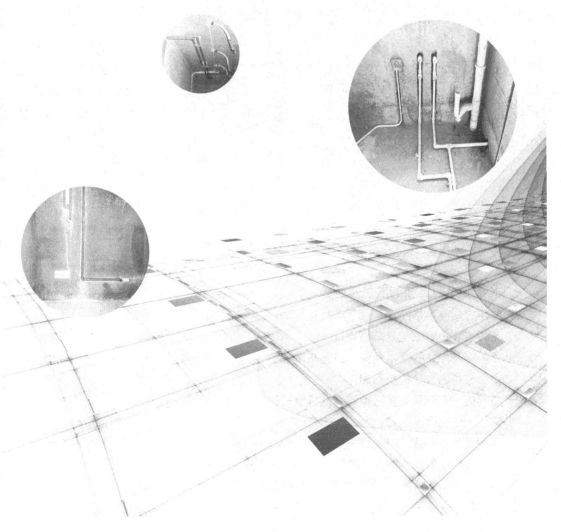

一、了解家装水电施工

1. 水电工程关系到家居生活的安全性

一间装修得很漂亮的房间不要仅仅看它的表面，隐藏起来的工程更为重要。家装水电施工图非常的繁琐，天花顶上、地板下，到处都是错综复杂的电路。水电安装在家庭装修中起决定性的作用。

家庭水电施工均为隐蔽工程，后期会被掩盖起来

> **水电施工注意事项**
>
> ①线路的选择。市场上有很多杂乱的线路电线，如果不了解，容易选到劣质的产品。
>
> ②水管的挑选。水管一般是安装在墙内和吊顶内的，如果质量不好，时间久了容易破裂，溢出的水破坏墙面，也会导致电线短路。
>
> ③线路的布局。在厨房和卫生间开槽打眼时不要把原电线管路或水暖管路破坏；电路需要做防水处理；电线接头一定要涮锡。

2. 水电工程施工前的准备工作

① 收房完成，装修所需各项手续办理完毕；

② 室内墙体拆除或重建规划完成；

③ 家具以及电器的基本规格、位置基本确定；

④ 顶面使用的灯具种类已确定；

⑤ 灯具的平面布置图及造型灯具的位置已确定；

⑥ 其他个性化需求已定；

⑦ 确定厨房的各种插座及灯具的位置；

⑧ 确定住宅的供热水方式，是燃气供热水还是电热水器或其他供热水方式；

⑨ 确定热水器的规格、尺寸，以及浴缸的种类（普通浴缸还是按摩浴缸）；

⑩ 提前预约水电工程师上门规划准确定位点，并做出工程量预算。

3. 水电工程的施工步骤

通常来说，水电施工可以总结为以下六个步骤：定位放样→弹线开槽→水路管道安装→电路线路安装→水路管道试压验收→电路绝缘电阻测试。

（1）水管管路开槽

先弹线，再开槽。管路开槽按要求须为平行线与垂直线。

平行线从地面算起控制在60～90cm高，垂直的水龙头管路，深度在4cm内

水管管路开槽

安装管道，冷热水管道分开安装，暗藏管道不能用镀锌铁管

水管管路安装

（2）水路管道安装

须使用 PPR 管、铝塑管。制定水域位置与使用功能，根据图纸排放所有的水龙头及用水位置。

（3）水路管道检查

水路管道检查关系到以后的水路安全隐患问题。通常用试压的方法做管道检查，打压之后检查所有管道所有接头。

（4）电线线路开槽

在确定好用电器功率及使用需求后，开始弹平行线与垂直线，之后开槽，安装开关插座底盒。

（5）电线电路布线

一般情况下，电器线组走墙地面，开关及照明灯线组走墙顶面。开关插座底盒安装时必须水平垂直，厨房的开关插座须根据橱柜设计的使用功能来布置安装。

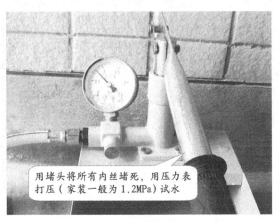

用堵头将所有内丝堵死，用压力表打压（家装一般为 1.2MPa）试水

水路打压检查

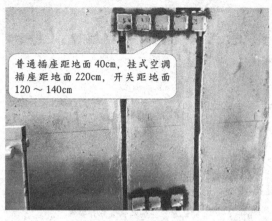

普通插座距地面 40cm, 挂式空调插座距地面 220cm, 开关距地面 120～140cm

电线线路开槽

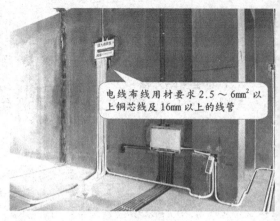

电线布线用材要求 2.5～6mm² 以上铜芯线及 16mm 以上的线管

电线电路布线

4. 水电工程施工安全注意事项

① 严禁导线外露: 严禁将导线无任何保护地直接敷设在墙内、地板下或天棚上。

② 电路分开走线: 要求强电与弱电, 开关、空调插座与电器插座分开走线。强弱电最少应相隔 30cm, 空调插座专用 6mm² 以上的电线, 距地面应 200cm 以上; 电器插座专用 4mm² 分组, 开关 2.5mm² 以上专用分组。

③ 用电系统保护方式: 接地保护和接零保护, 在同一系统中, 严禁同时采取两种保护方式。

④ 禁止在穿线管内连接导线: 导线长度不够需接长时, 应在开关、插座、灯头盒等盒内接线。

⑤ 排水管无渗漏、牢固: 排水管横向管道应有一定的坡度, 承插口连接严密, 确保无渗漏, 固定管道的支架、吊卡间距合理、牢固。

签订水电施工合同须知

①提前预约水电工程师上门规划准确定位点, 现场做出工程量预算, 在施工中不变更位置的情况下, 误差值应不超过 10%。

②合同中应确定内容包括水管、管件、BV 单铜线, UPVC 阻燃电工管、网络线、电视线、电话线、音响线等材料品牌型号, 防止材料假冒。

③应注明各项目的单价, 预算总价, 及误差值。

④应包含施工中的注意事项及部分常规尺寸。

※ 最后应着重说明: 水电路改造应安全第一, 装饰性第二。

二、家装水路施工常用术语及单位

名词	名词解释及单位	图片
开线槽	也叫打暗线。用切割机或其他工具在墙里打出一定深的槽，将电线管、水管埋在里面	
暗管	埋在线槽里的水管，包括很多种类，例如 PPR 管、镀锌管等	
铜管	一般做热水管，不会生锈、不怕高温、性能稳定。但是接口处需要焊接，接口不牢容易漏水。 铜管的规格用外径（ϕ）× 壁厚来表示，单位为 mm	
PPR 管	学名是无规共聚聚丙烯管，是目前水路改造中最常用的一种供水管道。 PPR 管的规格用公称直径（dn）× 公称壁厚（en）来表示，单位为 mm	
堵头／闷头	两个名称表示的是一个配件，指的是水管安装好后，龙头没装的时候，暂时堵住出水口的一个白色的小塑料块。 规格用内径 × 截径表示，单位为 mm	
地漏	指地漏口的金属件：一种是带镂空花纹的普通款，另一种是防臭地漏，可以防止臭气和病菌从下水管传上来	
外丝／内丝	水管端头的螺旋丝口有内丝和外丝两种，内丝就是指螺旋丝在配件里面，而外丝就是螺旋丝在配件外面。 规格用直径（ϕ）表示，单位为 mm	

三、家装电路施工常用术语及单位

名词	名词解释及单位	图片
强电	强电是一种动力能源，一般是指交流电电压在 24V 以上。如家中的电灯、插座等电压都在 110～220V，属于强电。 功率以 kW（千瓦）、MW（兆瓦）计；电压以 V（伏）、kV（千伏）计；电流以 A（安）、kA（千安）计	
弱电	弱电是一种信号电，包括电话线、网线、有线电视线、音频线、视频线、音响线等电流小的线路。 功率以 W（瓦）、mW（毫瓦）计；电压以 V（伏）、mV（毫伏）计；电流以 mA（毫安）、μA（微安）计	
暗线	埋在线槽里的强/弱电线，一般要包在电线管里，被称为暗线，电线管一般用 4 分的 PVC 管。 "4 分"是英制管道直径长度的叫法，即 1/2 英寸[①]，等于公制的 12.7mm	
空开	空气开关是一种只要有短路现象就会跳闸的开关，因为利用了空气来熄灭开关过程中产生的电弧，所以叫空气开关，简称空开	
配电箱	空开外面套个箱子镶在墙上就是配电箱，分为强电配电箱和弱电配电箱。配电箱里的总空开最大电流量一般要高于或等于电表的断路器的最大电流量	
暗盒	暗盒是指位于开关、插座、面板下面的盒子，线就在这个盒子里跟面板连在一起，方便更换和维修。需要注意的是，有些名牌开关插座厂商的面板必须配专用的暗盒	
平方	平方是国家标准规定电线规格的标称值，电线的平方实际上标的是电线的横截面积，常说的几平方电线即平方毫米。一般来说，经验载电量是当电网电压是 220V 时候，每平方电线的经验载电量是 1kW 左右	

① 1 英寸 =25.4mm。

第2章

教你怎么用工具

各种水、电施工工具的特点、
用途、使用方法及注意事项。

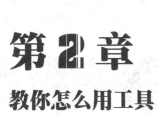

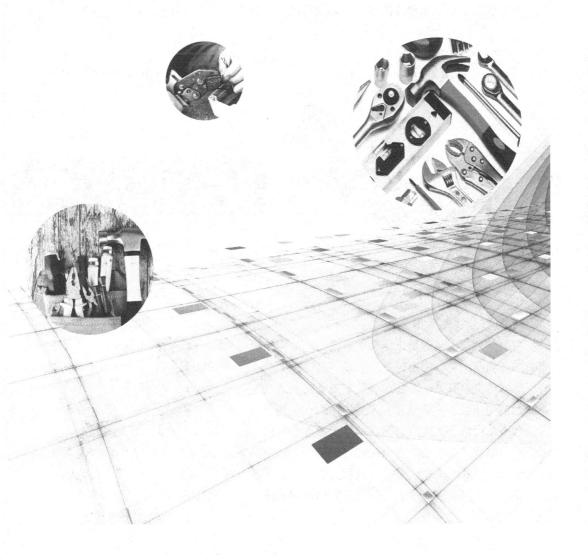

一、测量工具

1. 水平测距工具

(1) 钢卷尺

钢卷尺又称盒尺，是用来测量长度的工具。钢卷尺中心测量结构为是有一定弹性的钢带，卷于金属或塑料等材料制成的尺盒或框架内。按尺带盒结构的不同，可分为自卷式卷尺、制动式卷尺、摇卷盒式卷尺和摇卷架式卷尺四种。

首端部分是直角的金属钩，用金属钩勾住物体一侧，将尺拉直，即可测量距离

首端为金属拉环，将拉环拉出，零位置于物体一端，即可测量距离。摇动手柄即可将尺子收回盒内

自卷式卷尺　　制动式卷尺　　摇卷盒式卷尺　　摇卷架式卷尺

(2) 水平尺

主要用来检测或测量水平和垂直度，既能用于短距离测量，又能用于远距离的测量。它解决了水平仪狭窄地方测量难的缺点，且测量精确、携带方便，分为普通款和数显款。

将水平尺放在被测物体上，水平尺气泡偏向哪边，则表示那边高，即需要降低该侧的高度，或调高相反侧的高度，将水泡调整至中心，就表示被测物体在该方向是水平的

把水平尺放好，然后选择相应测量模式，按此键后显示屏上方立即显示所选模式的模式文字。旋转水平尺，就可以读出测量数值

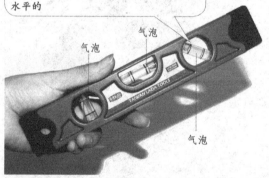

气泡　气泡　气泡　气泡

普通水平尺

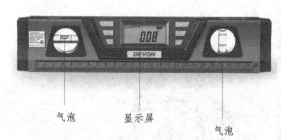

气泡　　　显示屏　　　气泡

数显水平尺

(3) 红外线水平仪

主要用来检测或测量水平和垂直度，也可测知倾斜方向与角度大小，使用时底座必须平整。

座面中央装有纵长圆曲形状的玻璃管，也有在左端附加横向小型水平玻璃管的，管内留有一小气泡，它在管中永远位于最高点。使用水平仪应先行检查，先将水平仪放在平板上，读取气泡的刻度大小，然后将水平仪反转置于同一位置，再读取其刻度大小，若读数相同，即表示水平仪底座与气泡管相互间的关系是正确的。

红外线水平仪

2. 电工程测量工具

测电笔，简称"电笔"，是一种电工工具，用来测试电线中是否带电，可分为数显测电笔和氖气测电笔两种。

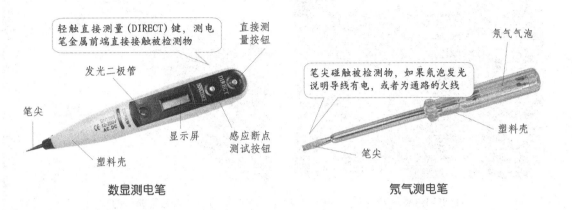

轻触直接测量（DIRECT）键，测电笔金属前端直接接触被检测物

直接测量按钮

氖气气泡

发光二极管

笔尖碰触被检测物，如果氖泡发光说明导线有电，或者为通路的火线

笔尖

显示屏

感应断点测试按钮

塑料壳

塑料壳

笔尖

数显测电笔

氖气测电笔

数显电笔购买须知

不管数显电笔上文字如何印刷，通常来说，离液晶屏较远的为应直接测量健（DIRECT），离液晶屏较近的为感应／断点测量键（INDUCTANCE）。若不是这样布局则表明为山寨或劣质产品，为了人身安全着想，不建议购买。

二、万能的螺丝刀

1. 螺丝刀的特点

螺丝刀是用来拧转螺丝钉迫使其就位的工具，通常有一个薄楔形头，可插入螺丝钉头的槽缝或凹口内。

2. 螺丝刀的型号

一字螺丝刀的型号表示为刀头宽度 × 刀杆。例如 2mm × 75mm，则表示刀头宽度为 2mm，杆长为 75mm，而非全长。

十字螺丝刀的型号表示为刀头大小 × 刀杆。例如 $2^{\#}$ × 75mm，则表示刀头为 2 号，金属杆长为 75mm，而非全长。有些厂家以 PH2 来表示 $2^{\#}$，实际为一样的。

3. 螺丝刀的类型

最常见的是直形，其头部型号有一字，十字，米字，T 形（梅花形）及六角螺丝刀（包括内六角和外六角）等；还有 L 形螺丝刀，多见于六角螺丝刀，利用其较长的杆来增大力矩，从而更省力。使用时，根据螺钉上的槽口选择适合的种类。

将螺丝刀带有形状的端头对准螺丝的顶部凹口固定，然后开始旋转手柄。通常来说顺时针方向旋转为敲紧，逆时针方向旋转则为松出，极少数情况下相反

使用小型螺丝刀时用手握住螺丝刀，手心抵住柄端，大拇指与中指夹住握柄，食指按住柄杆，旋转即可。使用大中型螺丝刀，则用大拇指、食指与中指夹住握柄

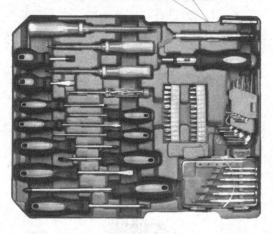

直形组合螺丝刀

L形螺丝刀

三、必不可少的钳子

1. 钳子的特点

钳子是一种用于夹持、固定加工工件或者扭转、弯曲、剪断金属丝线的手工工具。钳子的外形呈 V 形，通常包括手柄、钳腮和钳嘴三个部分。钳的手柄依握持形式而设计成直柄、弯柄和弓柄三种式样。

2. 钳子的种类

钳子按性能可分为：夹扭型、剪切型、夹扭剪切型。

按形状可分为：尖嘴、扁嘴、圆嘴、弯嘴、斜嘴、针嘴、顶切、钢丝钳、花鳃钳等。

按用途可分为：工业级用钳、专用钳等。

以结构形式分：穿鳃和叠鳃两种。

通常规格有：4.5寸[①]（迷你钳）、5寸、6寸、7寸、8寸、9.5寸等。

钳子的种类繁多,具体有尖嘴钳、斜嘴钳、钢丝钳、弯嘴钳、扁嘴钳、针嘴钳、断线钳、大力钳、管子钳、打孔钳等。

尖嘴钳　斜嘴钳　圆嘴钳　钢丝钳　花鳃钳　针嘴钳　扁嘴钳　弯嘴钳　顶切钳

① 1 寸 = 33.33mm。

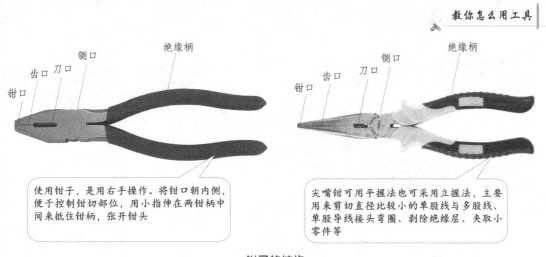

使用钳子，是用右手操作。将钳口朝内侧，便于控制钳切部位，用小指伸在两钳柄中间来抵住钳柄，张开钳头

尖嘴钳可用平握法也可采用立握法，主要用来剪切直径比较小的单股线与多股线、单股导线接头弯圈、剥除绝缘层、夹取小零件等

钳子的结构

四、灵活多变的扳手

1. 扳手的特点

扳手是一种常用的安装与拆卸工具。它是利用杠杆原理拧转螺栓、螺钉、螺母和其他螺纹，紧持螺栓或螺母的开口或套孔固件的手工工具。

2. 扳手的种类

呆扳手：一端或两端制有固定尺寸的开口，用以拧转一定尺寸的螺母或螺栓。

梅花扳手：两端具有带六角孔或十二角孔的工作端，适用于工作空间狭小的场合。

两用扳手：一端与单头呆扳手相同，另一端与梅花扳手相同。

活扳手：开口宽度可在一定尺寸范围内进行调节，能拧转不同规格的螺栓或螺母。

钩形扳手：又称月牙形扳手，用于拧转厚度受限制的扁螺母等。

套筒扳手：由多个带六角孔或十二角孔的套筒并配有手柄、接杆等多种附件组成。

内六角扳手：呈L形的六角棒状扳手，专用于拧转内六角螺钉。

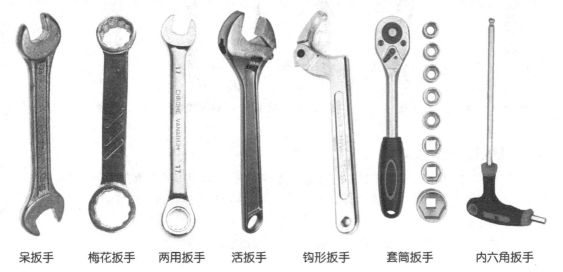

| 呆扳手 | 梅花扳手 | 两用扳手 | 活扳手 | 钩形扳手 | 套筒扳手 | 内六角扳手 |

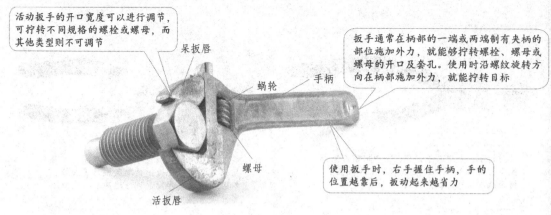

活动扳手的开口宽度可以进行调节，可拧转不同规格的螺栓或螺母，而其他类型则不可调节

扳手通常在柄部的一端或两端制有柄的部位施加外力，就能够拧转螺栓、螺母或螺母的开口及套孔。使用时沿螺纹旋转方向在柄部施加外力，就能拧转目标

呆扳唇

蜗轮   手柄

螺母

活扳唇

使用扳手时，右手握住手柄，手的位置越靠后，扳动起来越省力

扳手的结构

五、借力用的锤子

1. 锤子的特点

锤子是敲打物体使其移动或变形的一种工具，最常用来敲钉子，矫正或是将物件敲开。锤子有着各式各样的形式，常见的组成形式是一柄把手连接一个各种造型的顶部。

2. 锤子的种类

锤子由锤头和锤柄组成，锤子按照功能分为除锈锤、奶头锤、羊角锤、检验锤、扁尾检验锤、八角锤、德式八角锤。

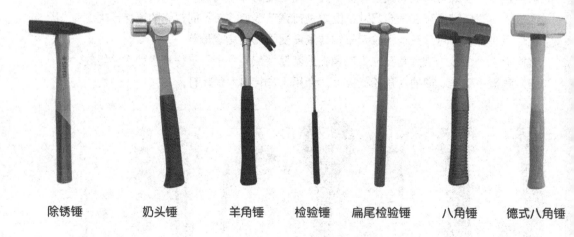

除锈锤　　　奶头锤　　　羊角锤　　　检验锤　　扁尾检验锤　　　八角锤　　　德式八角锤

使用锤子的注意事项

①锤头与把柄连接必须牢固，凡是锤头与锤柄松动，锤柄有劈裂和裂纹的绝对不能使用。

②使用大锤时，必须注意前后、左右、上下，在大锤运动范围内严禁站人，不许用大锤与小锤互打。

③锤头不准淬火，不准有裂纹和毛刺，发现飞边卷刺应及时修整。

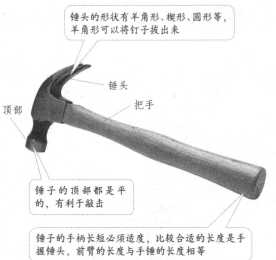

锤头的形状有羊角形、楔形、圆形等，羊角形可以将钉子拔出来

锤头

把手

顶部

锤子的顶部都是平的，有利于敲击

锤子的手柄长短必须适度，比较合适的长度是手握锤头，前臂的长度与手锤的长度相等

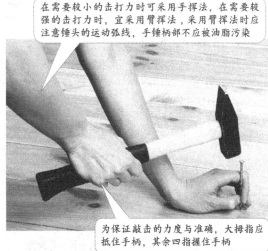

在需要较小的击打力时可采用手挥法，在需要较强的击打力时，宜采用臂挥法，采用臂挥法时应注意锤头的运动弧线，手锤柄部不应被油脂污染

为保证敲击的力度与准确，大拇指应抵住手柄，其余四指握住手柄

锤子的结构

六、离不开的打孔专家——冲击钻

1. 冲击钻的特点

冲击钻是一种打孔的工具，工作时钻头在电动机带动下不断地冲击墙壁打出圆孔，是依靠旋转和冲击来工作的。

2. 冲击钻的作用

主要适用于对混凝土地板、墙壁、砖块，石料，木板和多层材料上进行冲击打孔。另外还有可以在木材、金属、陶瓷和塑料上进行钻孔和攻牙而配备的电子调速装备作顺、逆转等功能。

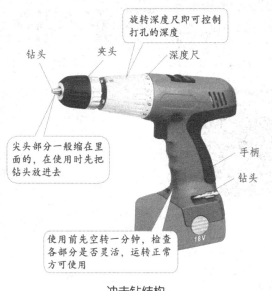

旋转深度尺即可控制打孔的深度

钻头   夹头   深度尺

尖头部分一般缩在里面的，在使用时先把钻头放进去

手柄

钻头

使用前先空转一分钟，检查各部分是否灵活，运转正常方可使用

冲击钻结构

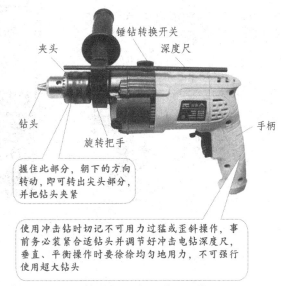

锤钻转换开关

夹头   深度尺

钻头

旋转把手

手柄

握住此部分，朝下的方向转动，即可转出尖头部分，并把钻头夹紧

使用冲击钻时切记不可用力过猛或歪斜操作，事前务必装紧合适钻头并调节好冲击电钻深度尺，垂直、平衡操作时要徐徐均匀地用力，不可强行使用超大钻头

冲击钻、电锤一体机结构

七、电工必备万用表

1. 万用表的特点

万用表又称为复用表、多用表、三用表、繁用表等，是电工程不可缺少的测量仪表，通常用来测量电压、电流和电阻。在家庭中主要是检测开关、线路以及检验绝缘性能是否正常。

2. 万用表的种类

万用表按显示方式分为指针万用表和数字万用表。

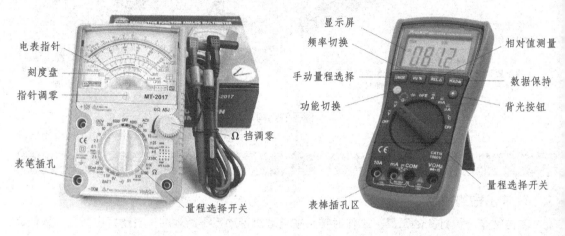

电表指针　刻度盘　指针调零　表笔插孔　Ω 挡调零　量程选择开关

显示屏　频率切换　手动量程选择　功能切换　相对值测量　数据保持　背光按钮　量程选择开关　表棒插孔区

指针万用表　　　　数字万用表

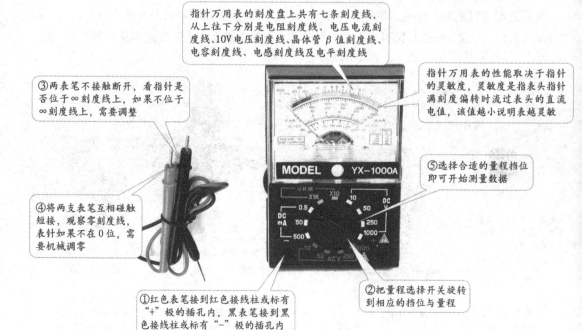

指针万用表的刻度盘上共有七条刻度线，从上往下分别是电阻刻度线、电压电流刻度线、10V电压刻度线、晶体管 β 值刻度线、电容刻度线、电感刻度线及电平刻度线

指针万用表的性能取决于指针的灵敏度，灵敏度是指表头指针满刻度偏转时流过表头的直流电值，该值越小说明表越灵敏

③两表笔不接触断开，看指针是否位于∞刻度线上，如果不位于∞刻度线上，需要调整

④将两支表笔互相碰触短接，观察零刻度线，表针如果不在 0 位，需要机械调零

⑤选择合适的量程挡位即可开始测量数据

②把量程选择开关旋转到相应的挡位与量程

①红色表笔接到红色接线柱或标有"+"极的插孔内，黑表笔接到黑色接线柱或标有"-"极的插孔内

指针万用表的使用

3. 指针万用表各种数据的测量方法

①交流电压的测量：开关旋转到交流电压挡位，把万用表并联在被测电路上，若不知被测电压的大概数值，需将开关旋转至交流电压最高量程上进行试探，然后根据情况调挡。

②直流电压的测量：进行机械调零，选择直流量程挡位。将万用表串联在被测电路中，注意正负极，测量时断开被测支路，将万用表红黑表笔串接在被断开的两点之间。若不知被测电压的极性及数值，需将开关旋转至直流电压最高量程上，进行试探，然后根据情况调挡。

③直流电流的测量：旋转开关选择好量程，根据电路的极性把万用表串联在电路中。

④电阻的测量：把开关旋转到 Ω 挡位，将两根表笔短接进行调零，然后即可进行测量。

4. 指针万用表数据的读取

①交流、直流标度尺的读取：根据所选择的挡位，指针所指示的数字乘以相应的倍率就是测量出的数据，当表针位于两个刻度间的某个位置时，应将两个刻度的距离等分，估算数据。

②欧姆（电阻）标度尺的读取：根据选择的挡位乘以相应的倍率，即数值 × 挡位。欧姆标度尺的刻度为非均匀刻度，即越向左数值越小，反之越大，当指针位于两个刻度间的某个位置时，需要根据左边与右边刻度缩小或扩大的趋势而估算数值。

数字万用表的数值读取比较简单，选择相应的量程后，显示屏上的数字即为测量的结果

显示正向压降

晶体二极管　负极

正极　　　黑表笔

红表笔代表正极，黑表笔代表负极，测量时应找对相应的极性。若在数值左边出现"-"，则表明表笔极性与实际电源极性相反，此时红表笔接的是负极

红表笔

根据测量目标的不同，表笔选择选择对应的插孔。测电阻、交流电压时红表笔插入 VΩ 孔，黑表笔插入 COM 孔；测直流及交流电流时红表笔插入 mA 或者 20A 端口，黑表笔插入 COM 端口；测量二极管及三极管时红表笔插入 VΩ 孔，黑表笔插入 COM 孔

数字万用表的使用

万用表使用注意事项

万用表在使用时，必须水平放置，以免造成误差。在使用万用表过程中，不能用手去接触表笔的金属部分，可以保证测量的准确，也可以保证人身安全。

在测量的同时换挡，会使万用表毁坏。如需换挡，应先断开表笔，换挡后再去测量。

测大电流、大电压需要根据万用表的特点来选择红表笔所要插入的挡位。

八、精致细活电烙铁

1.电烙铁的特点

电烙铁是电子制作和电器维修的必备工具，主要用途是焊接元件及导线。

2.电烙铁的种类及选择

通常按机械结构来选择电烙铁，可分为内热式和外热式两种，同时根据用途不同又分为大功率电烙铁和小功率电烙铁，除此之外还可根据温度分为可调温和不可调温等。

焊接集成线路、晶体管、受热易损元器件时选择 20W 内热式或者 25W 外热式；焊接导线、同轴电缆时使用 45 ~ 75W 外热式或 50W 内热式电烙铁；焊接较大元器件时选择 100W 以上的电烙铁。

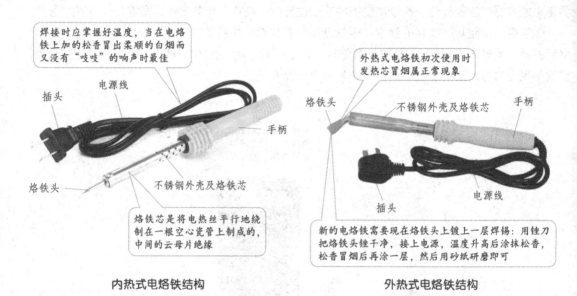

焊接时应掌握好温度，当在电烙铁上加的松香冒出柔顺的白烟而又没有"吱吱"的响声时最佳

外热式电烙铁初次使用时发热芯冒烟属正常现象

插头　电源线

手柄

烙铁头

不锈钢外壳及烙铁芯

手柄

烙铁头

不锈钢外壳及烙铁芯

插头

电源线

烙铁芯是将电热丝平行地绕制在一根空心瓷管上制成的，中间的云母片绝缘

新的电烙铁需要现在烙铁头上镀上一层焊锡：用锉刀把烙铁头锉干净，接上电源，温度升高后涂抹松香，松香冒烟后再涂一层，然后用砂纸研磨即可

内热式电烙铁结构

外热式电烙铁结构

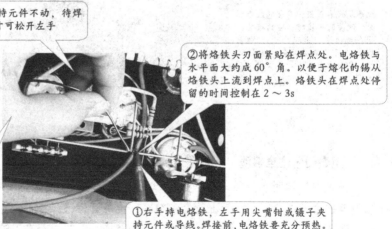

③抬开烙铁头，左手仍持元件不动，待焊点处的锡冷却凝固后，才可松开左手

②将烙铁头刃面紧贴在焊点处。电烙铁与水平面大约成60°角。以便于熔化的锡从烙铁头上流到焊点上。烙铁头在焊点处停留的时间控制在 2 ~ 3s

④用镊子转动引线，确认不松动，然后可用偏口钳剪去多余的引线

①右手持电烙铁，左手用尖嘴钳或镊子夹持元件或导线。焊接前，电烙铁要充分预热。烙铁头刃面上要吃锡，即带上一定量焊锡

电烙铁的使用

电烙铁使用注意事项

电烙铁插头最好使用三极插头，使外壳妥善接地。使用前，认真检查电源插头、电源线有无损坏，并检查烙铁头是否松动。

电烙铁使用中，不能用力敲击，要防止跌落。烙铁头上焊锡过多时，可用布擦掉。

焊接过程中，烙铁不能到处乱放。不焊时，应放在烙铁架上。

九、规规矩矩的开槽机

1. 开槽机的特点

墙壁开槽机，又称水电开槽机、墙面开槽机，主要用于墙面的开槽作业，一次操作就能开出施工需要的线槽，机身可在墙面上滚动，且可通过调节滚轮的高度控制开槽的深度与宽度。

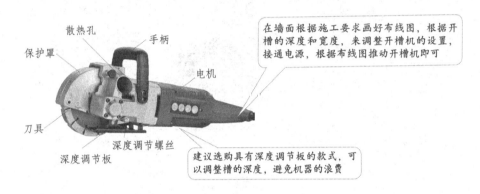

散热孔　手柄
保护罩　电机
刀具
深度调节螺丝
深度调节板

在墙面根据施工要求画好布线图，根据开槽的深度和宽度，来调整开槽机的设置，接通电源，根据布线图推动开槽机即可

建议选购具有深度调节板的款式，可以调整槽的深度，避免机器的浪费

开槽机的结构

2. 开槽机的选择

①看刀具：叶轮结构的刀具，负载大，只能开轻质砖和硬度很低的墙壁。开混凝土、老火砖等墙壁，必须使用金刚石切片刀具。

②看功率：功率十分重要，如果功率不足工作起来会很吃力，但若功率太大，家用电网线路中无法承受 4000W 的功率，会发生短路等现象。

合金刀具

金刚石切片刀具

③看电机：通常老说同样的电机，个头决定了它的功率，电机体积越大其功率也越大。可以测量电机定子的直径和转子的长度来得到体积。

④看槽深：即为可开槽的最大深度。测量刀轴中心到刀罩的距离，距离越大说明可安装的刀片直径越大；测量刀具超出机器底板的高度，超出的距离越高，开槽时也就开得越深。

十、水路验收的打压泵

1. 打压泵的特点

水路施工完成后，选择刻度较小的打压泵对水路进行打压测试，来检查管道是否有渗漏的地方。体积小、精准度高、使用方便，非常适合家庭使用。

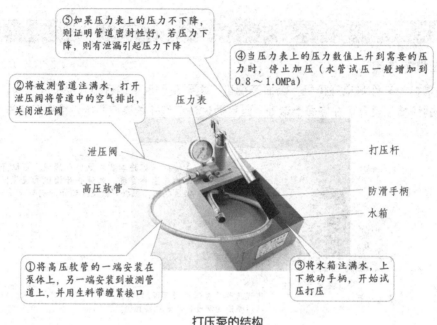

⑤如果压力表上的压力不下降，则证明管道密封性好，若压力下降，则有泄漏引起压力下降

④当压力表上的压力数值上升到需要的压力时，停止加压（水管试压一般增加到0.8～1.0MPa）

②将被测管道注满水，打开泄压阀将管道中的空气排出，关闭泄压阀

压力表

泄压阀

打压杆

高压软管

防滑手柄

水箱

①将高压软管的一端安装在泵体上，另一端安装到被测管道上，并用生料带缠紧接口

③将水箱注满水，上下掀动手柄，开始试压打压

打压泵的结构

2. 试用中故障的原因及排除

①手柄向上运动，水吸不上来：检查吸水管是否有垃圾堵塞；泄压阀是否拧紧。

②手柄向下运动时感觉无力：泄压阀是否拧紧；活塞轴的密封圈是否损坏；出水接头中的单向阀是否存在异物。

③压力表上的压力显示不稳定：管道或出水接头处有泄漏，应更换密封圈；表杆连接处泄漏，更换密封圈；压力表损坏，更换压力表。

打压泵使用须知

不宜在有酸碱、腐蚀性物质的工作场合使用。

测试压力时，应使用清水，避免使用含有杂质的水来进行测试。

在试压过程中若发现有任何细微的渗水现象，应立即停止工作进行检查和修理，严禁在渗水情况下继续加大压力。

试压完毕后，先松开放水阀，压力下降，以免压力表损坏。

试压泵不用时，应放尽泵内的水，吸进少量机油，防止锈蚀。

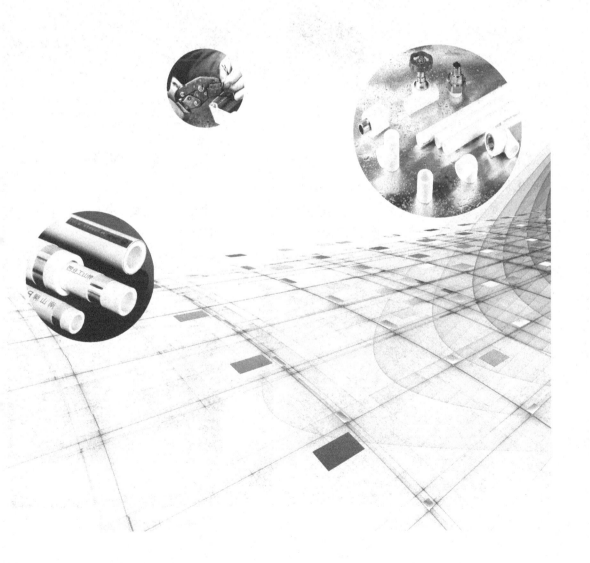

第 3 章

水路施工材料大百科

水路施工要达标，选对材料第一步！
各种管材及配件的用处及选购在此为
你一一道来！

一、PVC 管的用处与选购

1.PVC 给水管

PVC 给水管颜色通常为白色、灰色或蓝色，长度为 4m 或 6m。连接方式有溶剂粘接、弹性密封圈连接。

现多使用新型的 PVC-U（硬聚氯乙烯）给水管道，和传统的管道相比具有重量轻、耐腐蚀、耐酸碱、耐压、水流阻力小、节约能源、无二次污染、安装迅捷、造价低等优点，适用于冷热水管道系统、采暖系统、净水管道系统、中央空调系统等工程.PVC 给水管在家庭装修中应用较少。

PVC 给水管的规格有 Φ20、Φ25、Φ32、Φ40、Φ50、Φ63、Φ75、Φ90、Φ110、Φ125、Φ140、Φ160、Φ180、Φ200、Φ225、Φ250、Φ280、Φ315、Φ355、Φ400 等

PVC 给水管

PVC 给水管所示的压力均为公称压力，单位为 MPa。公称压力规定为 0.63MPa、0.8MPa、1.0MPa、1.25MPa、1.6MPa 等 5 种

PVC 给水管的应用

2.PVC 排水管

PVC 排水管的用途非常广泛，它的壁面光滑，阻力小，密度低。常用的 PVC 管排水管的公称外径分别为：32mm、40mm、50mm、75mm、90mm、110mm、125mm、160mm、200mm、250mm、315mm。PVC-U 管材的长度一般为 4m 或 6m。

PVC 排水管

PVC 排水管的应用

3.PVC 管的配件

PVC 管的配件包括直接、直落水接头，四通，正三通，斜三通，90°弯头，45°弯头，异径弯头，存水弯，伸缩节，检查口，管口封闭，吊卡，立管卡，弯头，伸缩节等。

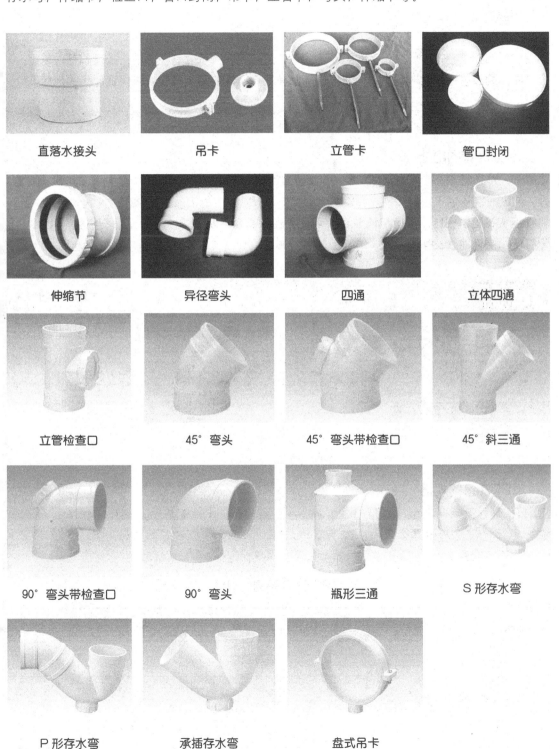

直落水接头　　　　　吊卡　　　　　立管卡　　　　　管口封闭

伸缩节　　　　　异径弯头　　　　　四通　　　　　立体四通

立管检查口　　　　　45°弯头　　　　　45°弯头带检查口　　　　　45°斜三通

90°弯头带检查口　　　　　90°弯头　　　　　瓶形三通　　　　　S形存水弯

P形存水弯　　　　　承插存水弯　　　　　盘式吊卡

4.PVC 管的选购

选购 PVC 管材，先观察外观，最常见的白色 PVC 水管，颜色为乳白色且着色均匀，内外壁均比较光滑，而不合格的 PVC 水管颜色特别白，有的发黄，着色不均，较硬，外壁光滑但内壁粗糙，有针刺或小孔。

之后检验韧性，将其锯成窄条后，弯折 180°，如果一折就断说明韧性差，费力才能折断的管材说明强度、韧性佳。还可观察断茬，茬口越细腻，说明管材均化性、强度和韧性越好。

决定购买前还应索取管材的检测报告，及其卫生指标的测试报告，以保证使用的健康。

二、PPR 管的用处与选购

1.PPR 管的用处

PPR 管又叫三型聚丙烯管，作为一种新型水管材料，它既可用作冷水管，也可以用作热水管，是目前家居装修中采用最多的一种供水管道，是众多水管中的上品。与传统的铸铁管、塑钢管、镀锌钢管等管道相比，具有节能节材、环保、轻质高强、耐腐蚀、内壁光滑不结垢、施工和维修简便、使用寿命长等优点。

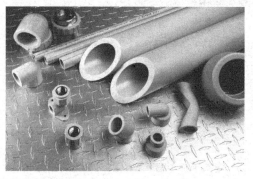

> 市面上的PPR管有白色、灰色、绿色和咖喱色等多种颜色，主要是因为添加的色母料不同而造成的。管体上有红线的表示为热水管，蓝线的为冷水管，没有线条显示的通常都有文字说明

PPR 水管

2.PPR 管的规格

PPR 管系列用 S 表示、公称外径（dn）× 公称壁厚（en）来表示，例如：管系列 S4、公称外径 25mm、公称壁厚 2.8mm，表示为 S4 dn25×2.8mm，管材按尺寸分为 S5、S4、S3.2、S2.5、S2 五个系列。

PPR 管 S 系列的规格

公称外径（dn）/ mm	S5	S4	S3.2	S2.5	S2
	公称壁厚（en）				
12	—	—	—	2.0	2.4
16	—	2.0	2.2	2.7	3.3

公称外径 (dn) / mm	S5	S4	S3.2	S2.5	S2
	公称壁厚 (en)				
20	2.0	2.3	2.8	3.4	4.1
25	2.3	2.8	3.5	4.2	5.1
32	2.9	3.6	4.4	5.4	6.5
40	3.7	4.5	5.5	6.7	8.1
50	4.6	5.6	6.9	8.3	10.1
63	5.8	7.1	8.6	10.5	12.7
75	6.8	8.4	10.3	12.5	15.1
90	8.2	10.1	12.3	15	18.1
110	10.0	12.3	15.1	18.3	22.1
125	11.4	14.0	17.7	20.8	25.1
140	12.7	15.7	19.2	23.3	28.1
160	14.6	17.9	27.9	26.2	32.1

PPR 管的俗称与相对规格

俗称	内径 /mm	内径 / 英寸	外径 /mm
1 分管	6	1/8	10
2 分管	8	1/4	13.5
3 分管	10	3/8	17
4 分管	15	1/2	21.3
6 分管	20	3/4	26.8
1 寸管	25	1	33.5

　　MPa 是压强单位，称为兆帕斯卡，简称兆帕。举例来讲：PPR 管 25×2.3 1.25MPa 表示的是：PPR 管外径 25mm，管壁厚 2.3mm，属于 S5 级系列管材，在常温下承受压力为 1.25MPa。

PPR 管 S 系列的压力值

设计压力 /MPa	S 系列			
	级别 1 (3.09MPa)	级别 2 (2.13MPa)	级别 4 (3.30MPa)	级别 5 (1.90MPa)
0.4	5	5	5	4
0.6	5	3.2	5	3.2
0.8	3.2	2.5	4	2
1.0	2.5	2	3.2	—

3. PPR 管的选购

选购管材时要慎重，一定要选择合适的、大厂家生产的、有质量保证的管材。

辨别管材质量可以通过以下方式来进行。

①触摸。好的 PPR 水管原料为 100% 的 PPR 原料制作，质地纯正、手感柔和，颗粒粗糙的很可能掺了杂质。

②闻气味。好的管材没有气味，次品掺了聚乙烯有怪味。

③捏硬度。PPR 管具有相当的硬度，用力捏会变形的则为次品。

④量壁厚。根据各种管材的规格，用游标卡尺测量壁厚，好的产品符合规格规定。

⑤听声音。将管材从高处摔落，好的 PPR 管声音较沉闷，次品声音较清脆。

⑥燃烧。燃烧 PPR 管，次品因为有杂质会冒黑烟，有刺鼻气味，而合格品则无。

⑦看内径。看管材内径是否变形，内径不易变形。

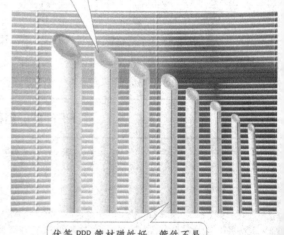

好的 PPR 水管色泽柔和均匀一致，无杂色， 产品内外表面应光滑平整，不允许有气泡、明显的凹陷、沟槽和杂质等缺陷

优等 PPR 管材弹性好，管件不易受挤压而变形，即使变形也不破裂，并大大减少接头使用量

关于 PPR 管颜色的误区

PPR 水管的颜色很多，人们通常认为白色是最好的，其实不然，塑料粒子以白色、透明色为主，加工时添加的色母是什么颜色生产出来的产品就是什么颜色，色母不会被分解，也不会改变 PPR 品质，只要购买正规厂家的产品，水管什么颜色都没有关系。

三、弯头的用处与选购

1. 弯头的用处

弯头是水路管道安装中常用的一种连接用管件，连接两根公称通径相同或者不同的管子，使管路做一定角度的转弯，公称压力为 1 ～ 1.6MPa。

按角度分：最常用的有 45°、90° 及 180°，还包括 60° 等非正常角度弯头。

按材料分：有铸铁、不锈钢、合金钢、可锻铸铁、碳钢、有色金属及塑料等。

按照生产工艺分：有焊接弯头、冲压弯头、推制弯头、铸造弯头、对焊弯头等。

与管材连接最常用直接焊接法，还有法兰连接、热熔连接、电熔连接、螺纹连接及承插式连接等。

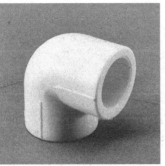

| 45° 弯头 | 90° 弯头 | 180° 弯头 |

PVC 管道的弯头种类及用处

常用管路	名称	用处	图片
PVC 管道	45° 弯头	用于连接管道转弯处，连接两根管子，使管道成 45°	
	90° 弯头	用于连接管道转弯处，连接两根管子，使管道成 90°	
	U 形弯头	分为有口和无口两种，连接两根管道，使管路成 U 形连接，规格有 50mm、75mm、110mm 等	

PPR 管道的弯头种类及用处

常用管路	名称	用处	图片
PPR 管道	异径弯头	弯头两端的直径不同，可以连接不同规格的两根 PPR 管	
	活接内牙弯头	主要用于需拆卸的水表及热水器的连接，一端接 PPR 管，另一端接外牙	
	带座内牙弯头	可以通过底座固定在墙上，一端连接 PPR 管，一端接外牙	
	90°承口外螺纹弯头	一端接 PPR 管，带有外螺纹（外牙）的一端接内牙	
	90°承口内螺纹弯头	一端接 PPR 管，带有内螺纹（内牙）的一端接外牙	
	等径 45°弯头	两端的口径相同，用来连接相同规格的 PPR 管成 45°	
	等径 90°弯头	两端口径相同，用来连接相同规格的 PPR 管成 90°	
	过桥弯头	两端连接相同规格的 PPR 管	

2. 弯头的选购

　　首先要注意管材的尺寸，要选择尺寸相符的款式。选购时，可以闻一下弯头的味道，合格的产品没有刺鼻的味道。之后观察配件，看颜色、光泽度是否均匀；管壁是否光洁；带有螺丝扣的还应观察螺纹的分布是否均匀。最后索要产品的合格证书和说明书，选择正规产品才能保证使用的时长和健康。

四、三通的用处与选购

1. 三通的用处

　　三通为水管管道配件、连接件，又叫管件三通、三通管件或三通接头，用于三条相同或不同管路汇集处，主要作用是改变水流的方向。有 T 形与 Y 形，有等径管口，也有异径管口。

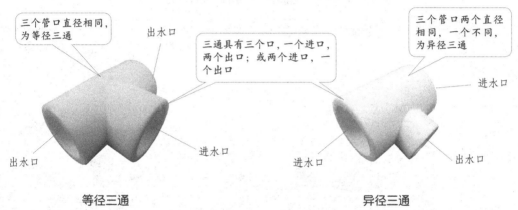

PVC 管道的三通种类及用处

常用管路	名称	用处	图片
PVC 管道	等径三通	用来连接三个等径的 PVC 管道，改变水流的方形	
	异径三通	用来连接两个等径及一个异径的三根 PVC 管道，改变水流的方形	
	左斜三通	斜三通中一个管口是倾斜的，支管向左倾斜为左斜三通，倾斜角度为 45° 或 75°	

常用管路	名称	用处	图片
PVC 管道	右斜三通	斜三通中一个管口是倾斜的,支管向右倾斜为右斜三通,倾斜角度为45°或75°	
	正三通	两个主管口与一个支管口均为90°角的三通为正三通	

PPR 管道的三通种类及用处

常用管路	名称	用处	图片
PPR 管道	等径三通	三端接相同规格的 PPR 管	
	异径三通	三端均接 PPR 管,其中一端为异径口	
	承口内螺纹三通	两端接 PPR 管,中间的端口接外牙	
	承口外螺纹三通	两端接 PPR 管,中间的端口接内牙	

2. 三通的选购

选购三通时,首先观察外观,外表面应光滑、没有存在会损害强度及外观的缺欠,如结疤、划痕、重皮等;不能有裂纹,表面应无硬点;支管根部不允许有明显褶皱。合格的管件应没有刺鼻的味道,内壁和外壁一样光滑没有杂质,带有螺纹的款式观察螺纹的分布是否均匀。最后,合格的产品应带有一系列的检验说明,可向商家索要。

五、丝堵的用处与选购

1.10 丝堵的用处

丝堵是用于管道末端的配件，起到防止管道泄漏的密封作用，是水暖系统安装中常用的管件，公称压力为 1～1.6MPa。一般采用塑料或金属铁制成，同时分为内丝（螺纹在内）和外丝（螺纹在外）。

内丝　　外丝　　　　外丝　　内丝

金属丝堵　　　　**塑料丝堵**

2. 丝堵的选购

选购丝堵时，根据管道的材质选择相应的材质，是塑料的还是金属的。无论是外丝还是内丝，都是靠螺旋纹路来起到固定作用的，应着重观察螺纹的分布是否均匀、顺滑，若不是很顺滑，没有办法牢固地固定在管件上，则容易泄漏。

六、软管的用处与选购

1. 软管的用处

软管在家装中，主要用于水路中龙头、花洒等配件与主体部分的连接。
软管有双头 4 分连接管、单头连接管、淋浴软管、不锈钢丝编织软管及不锈钢波纹硬管。

软管的种类及用处

名称	用处	图片
双头 4 分连接管	主要用于双孔水龙头、热水器、马桶等进水	
不锈钢波纹硬管	一般用于热水器和三角阀的连接	
单头连接管	主要用于冷、热单孔龙头及厨房龙头的进水	
淋浴软管	一般用于淋浴龙头和浴缸上的连接	

名称	用处	图片
下水波纹管	一般用于台盆、水池等下水连接	
不锈钢丝编织软管	主要用于龙头，马桶，花洒等管道连接	

2. 软管的选购

市场上的软管主要有不锈钢和铝镁合金丝两种。不锈钢管的性能优于铝镁合金丝材质，因此建议购买不锈钢软管。两者可以通过外观进行区分，不锈钢软管表面颜色黑亮，而合金丝管苍白暗亮。在选购编织软管时需要特别注意，可以先观看编织效果，如果编织不跳丝、丝不断、不叠丝编织的密度（每股丝之间的空隙和丝径）越高越好；看编织软管是否材质为不锈钢丝；看软管其他配件的质量、材质。无论哪一种软管，在选购时应注意有质量保证的、品牌的、口碑好的产品更有保障。

七、阀门的用处与选购

1. 阀门的用处

阀门是流体输送系统中的控制部件，它是用来改变通路断面和介质流动方向，具有导流、截止、节流、止回、分流或溢流卸压等功能。阀门是依靠驱动或自动机构使启闭件作升降、滑移、旋摆或回转运动，从而改变其流道面积的大小以实现其控制功能。

按照公称通径的不同，可以分为小通径阀门（公称通径 $DN \leqslant 40mm$）、中通径阀门（公称通径 DN 为 $50 \sim 300mm$）、大通径阀门（公称阀门 DN 为 $350 \sim 1200mm$）、特大通径阀门（公称通径 $DN \geqslant 1400mm$）等几种。家庭中常用的阀门包括蹲便器冲洗阀、截止阀、三角阀、球阀等几种。阀门应安装的位置：引入管、水表前、立管处等。

家用阀门的种类及用处

名称	用处	分类	图片
蹲便器冲洗阀	用来冲洗蹲便器的阀门	分为脚踏式、旋转式、按键式等	
截止阀	一种利用装在阀杆下的阀盘与阀体突缘部位的配合，达到关闭、开启目的的阀门	分为直流式、角式、标准式，还可分为上螺纹阀杆截止阀和下螺纹阀杆截止阀	

续表

名称	用处	分类	图片
三角阀	管道在三角阀处成90°的拐角形状，三角阀起到转接内外出水口、调节水压的作用，还可作为控水开关	分为3/8（3分）阀、1/2（4分）阀、3/4（6分）阀等	
球阀	球阀用一个中心开孔的球体作阀芯，旋转球体控制阀的开启与关闭，来截断或接通管路中的介质	分为直通式、三通式及四通式球阀等	

2. 阀门的选购

选购时观察阀门的外表，表面应无砂眼；电镀层应光泽均匀，无脱皮、龟裂、烧焦、露底、剥落、黑斑及明显的麻点等缺陷；喷涂表面组织应细密、光滑均匀，不得有流挂、露底等缺陷。上述缺陷会直接影响阀门的使用寿命。

阀门的管螺纹是与管道连接的，在选购时目测螺纹表面有无凹痕、断牙等明显缺陷，特别要注意的是管螺纹与连接件的旋合有效长度将影响密封的可靠性，选购时要注意管螺纹的有效长度。

选阀门注意结构和公称压力

选购阀门除了注意质量外，还应清楚所需要的阀门的种类和结构，不同种类的阀门有不同的结构和规格。例如三角阀的管螺纹就有内螺纹和外螺纹两种，闸阀、球阀则在其阀体或手柄上标有公称压力。

八、生料带的用处与选购

1. 生料带的用处

生料带是水暖安装中常用的一种辅助用品，用于管件连接处，增强管道连接处的密闭性。具有无毒，无味，优良的密封性、绝缘性、耐腐性等优点。

2. 生料带的选购

拉出生料带观察，好的生料带，质地均匀、颜色纯净、表面平整无纹理、无杂质。用手指指腹触摸生料带表面，感觉平整光滑，具有很强的丝滑感，且没有粘黏性。轻轻纵向拉伸，带面不易变形断裂（用力扯才会断裂）；横向拉伸边宽，可以承受本身长度3倍以上的拉伸宽度。

把生料带均匀地缠绕在螺纹口处，通上水管拧开阀门，好的生料带，只需在螺纹口按顺时针方向缠绕15圈左右就可以达到很好的密封止水效果

生料带

第  章

电路施工材料大百科

电路施工要达标，选好材料很关键！
各种线路与配件的用处及选购为你一一展现。

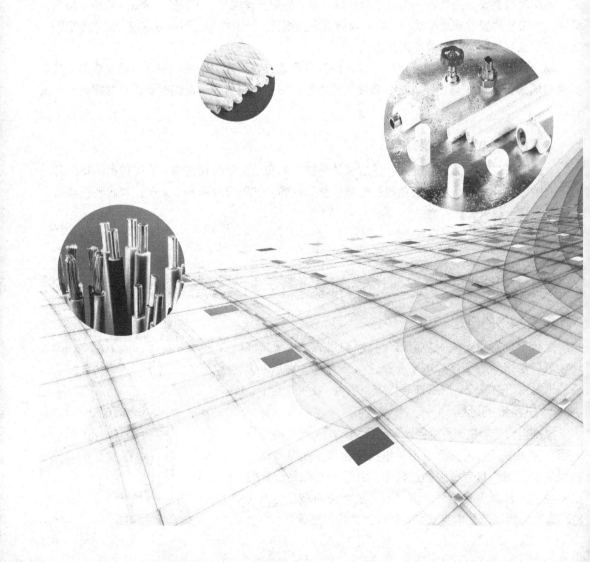

1. 塑铜线的用处

塑铜线，就是塑料铜芯电线，全称铜芯聚氯乙烯绝缘电线。一般包括 BV 电线、BVR 软电线、RV 电线、RVS 双绞线、RVB 平行线。

家用电线常用型号的意义：

B 系列属于布电线，所以开头用 B，电压为 300/500V；

V 就是 PVC 聚氯乙烯，也就是塑料，指外面的绝缘层；

R 表示软，导体的根数越多，电线越软，所以 R 开头的型号都是多股线，S 代表对绞。

家庭常用塑铜线的种类

型号	名称	用处	图片
BV	铜芯聚氯乙烯塑料单股硬线，是由 1 根或 7 根铜丝组成的单芯线	固定线路敷设	
BVVB	铜芯聚氯乙烯硬护套线，由两根或三根 BV 线用护套套在一起组成的	固定线路敷设	
BVR	铜芯聚氯乙烯塑料软线，是 19 根以上铜丝绞在一起的单芯线，比 BV 软	固定线路敷设	
RV	铜芯聚氯乙烯塑料软线，是由 30 根以上的铜丝绞在一起的单芯线，比 BVR 更软	灯头和移动设备的引线	
RVV	铜芯聚氯乙烯软护套线，由两根或三根 RV 线用护套套在一起组成的	灯头和移动设备的引线	
RVS	铜芯聚氯乙烯绝缘绞型连接用软电线，两根铜芯软线成对扭绞无护套	灯头和移动设备的引线	

型号	名称	用处	图片
RVB	铜芯聚氯乙烯平行软线，无护套平行软线、俗称红黑线	灯头和移动设备的引线	

家用布电线的规格及用处

型号	规格 /mm²	用处
BV、BVR	1	照明线
	1.5	照明、插座连接线
	2.5	空调、插座用线
	4	热水器、立式空调用线
	6	中央空调、进户线
	10	进户总线

BV、BVR 线功率表

截面积 /mm²	220V/W	380V/W	截面积 /mm²	220V/W	380V/W
1 (13A)	2900	6500	4 (34A)	7600	17000
1.5 (19A)	4200	9500	6 (34A)	10000	22000
2.5 (26A)	5800	13000	10 (34A)	13800	31000

注: 以上功率为极致功率, 选择时请考虑 20% 的损耗。

2. 塑铜线的选购

　　市场上的塑铜线有很多品种，要根据需要的用电负荷来采购合适的电线。建议选购价位合理而不是特别便宜的品牌，线的质量可以用下面几个方法来简单地鉴别。

　　①看包装。盘型整齐、包装良好，合格证上商标、厂名、厂址、电话、规格、截面、检验员等齐全并印字清晰。

　　②比较线芯。打开包装简单看一下里面的线芯，比较相同标称的不同品牌的电线的线芯，如果两种线一种皮太厚，则一般不可靠。然后用力扯一下线皮，不容易扯破的一般是国标线。

　　③用火烧。绝缘材料点燃后，移开火源，5s 内熄灭，有一定阻燃功能的，一般为国标线。

　　④看内芯。内芯（铜质）的材质，越光亮越软铜质越好。国标要求内芯一定要用纯铜。

　　⑤看线上印字。国家规定线上一定要印有相关标识，如产品型号、单位名称等，标识最大间隔不超过 50cm，印字清晰、间隔匀称的应该为大厂家生产的国标线。

二、网线的用处与选购

1. 网线的用处

网线用于局域网内以及局域网与以太网的数字信号传输，也就是双绞线。

双绞线采用了一对互相绝缘的金属导线互相绞合的方式来抵御一部分外界电磁波干扰，把两根绝缘的铜导线按一定密度互相绞在一起，可以降低信号干扰的程度。双绞线可分为非屏蔽双绞线（UTP）和屏蔽双绞线（STP），家中最常用的是UTP。

常见网线的型号及特点

型号	名称	特点	图片
UTP	非屏蔽双绞线	无屏蔽外套，直径小，节省所占用的空间；重量轻，易弯曲，易安装；具有阻燃性；能够将近端串扰减至最小或加以消除	
STP	屏蔽双绞线	线的内部有一层金属隔离膜，在数据传输时可减少电磁干扰，稳定性较高	

除了以上的分类外，双绞线还可以分为5类线、超5类线和6类线。

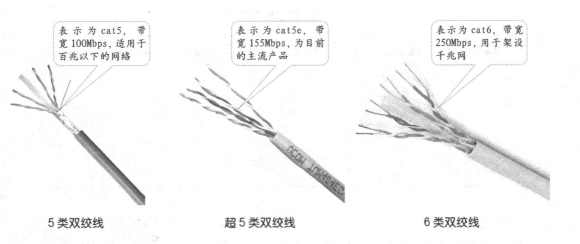

表示为cat5，带宽100Mbps，适用于百兆以下的网络

表示为cat5e，带宽155Mbps，为目前的主流产品

表示为cat6，带宽250Mbps，用于架设千兆网

5类双绞线　　　　　超5类双绞线　　　　　6类双绞线

2. 网线的选购

①外观：正品5类线的塑料皮上印刷的字符非常清晰、圆滑，基本上没有锯齿状。假货的字迹印刷质量较差，有的字体不清晰，有的呈严重锯齿状。正品5类线所标注的是"cat5"，超5类所标注的是"5e"，而假货通常所标注的字母全为大写"如CAT5"。

②质地：正品线质地比较软，而一些不法厂商在生产时为了降低成本，在铜中添加了其他的金属元素，做出来的导线比较硬，不易弯曲。

③颜色：用剪刀去掉一小截线外面的塑料包皮，4 对芯线中白色的那条不应是纯白的，而是带有与之成对的那条芯线颜色的花白，假货则为纯白。

④阻燃性：用火烧，可以将双绞线放在高温环境中测试一下，在 35 ～ 40℃时，网线外面的胶皮会不会变软，正品阻燃性佳，不会变软。

三、TV 线的用处与选购

1. TV 线的用处

正规名称为 75Ω 同轴电缆，主要用于传输视频信号，能够保证高质量的图像接收。一般型号表示为 SYWV，国标代号是射频电缆，特性阻抗为 75Ω。

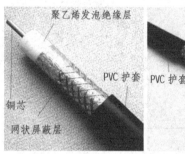 

TV 线结构

TV 线外观

TV 线的型号与规格

型号	绝缘外径 /mm	电缆外径 /mm	绝缘电阻 /mΩ·km	特性阻抗 /Ω
SYWV-75-5	4.8±0.2	5.8(max)	5000	75±3
SYWV-75-7	7.25±0.25	8.3(max)	5000	75±2.5
SYWV-75-9	9.0±0.25	10.3(max)	5000	75±2.5
SYWV-75-12	11.5±0.3	12.8(max)	5000	75±2

2. TV 线的选购

选购 TV 线首先要求是正规厂家生产的产品。其次看线体，线体由铜丝、屏蔽线、绝缘层和护套组成。

铜丝的标准直径为 1mm，同时铜的纯度越高铜色越亮越好；屏蔽网要紧密，覆盖完全；绝缘层坚硬光滑，手捏不会发扁；好的护套线使用优质的聚氯乙烯制成的，用手撕不动。

质量好的 TV 线

四、电话线的用处与选购

1. 电话线的用处

电话线就是电话的进户线，连接到电话机上，才能拨打电话，由铜线芯和护套组成。电话线的国际线径为 0.5mm，其信号传输速率取决于铜芯的纯度及横截面积。

电话线芯的种类及特点

名称	特点	图片
铜包钢线芯	线比较硬，不适合用于外部扯线，容易断芯。但是埋在墙里可以使用，只能近距离使用，如楼道接线箱到用户	
铜包铝线芯	线比较软，容易断芯。可以埋在墙里，也可以墙外扯线。只能用于近距离使用，如楼道接线箱到用户	
全铜线芯	线软，可以埋在墙里，也可以墙外扯线，可以用于远距离传输使用	

2. 电话线的选购

电话线常见芯数有二芯、四芯和六芯三种，普通电话使用二芯即可，传真机或拨号上网需使用四芯或六芯。辨别芯材可以将线弯折几次，容易折断的铜的纯度不高，反之则铜含量高。

质量好的电话线外面的护套是用纯度高的聚氯乙烯制成的，用手撕不动，能够良好地保护线芯，而劣质的则容易撕下来。

关于电话线的型号缩写

以 HYV2x1/0.4CCS 为例，HYV 为电话线英文型号，2 代表二芯、1/0.4CCS 代表单支 0.4mm 直径的铜包钢导体。以此类推，HYV4x1/0.4 BC、其中 HYV 型号、4 代表四芯、1/0.5 BC 代表单支 0.5 mm 直径的纯铜导体。CCS 为铜包钢、BC 为全铜。

五、黄蜡管的用处与选购

1. 黄蜡管的用处

黄蜡管的学名为聚氯乙烯玻璃纤维软管（黄蜡管），主要原料是玻璃纤维，通过拉丝、编织、加绝缘清漆后完成，具有良好的柔软性、弹性。在布线（网线，电线，音频线等）过程中，如果需要穿墙，或者暗线经过梁柱的时候，导线需要加护，就会用黄蜡管来实现。

条纹款有白底红条、白底蓝条或浅蓝色底蓝条

黄蜡管的外观　　　　　　　　　　　　　　黄蜡管的使用

2. 黄蜡管的选购

选购黄蜡管时应注意其表面应平整光滑、光亮、颜色鲜艳，涂层不得开裂、脱落、起层，套管不能出现发黏，套管壁之间也不应粘连。不能出现变色、气泡、软化、油污等影响正常使用的现象。

六、暗装底盒的用处与选购

1. 暗装底盒的用处

底盒也叫线盒，原料为 PVC，安装时需预埋在墙体中，安装电器的部位与线路分支或导线规格改变时就需要安装线盒。电线在盒中完成穿线后，上面可以安装开关、插座的面板。

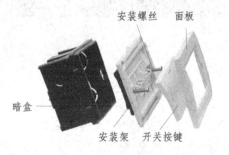

安装螺丝　面板

暗盒

安装架　开关按键

暗装底盒的作用

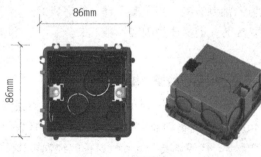

86mm

86mm

单暗盒

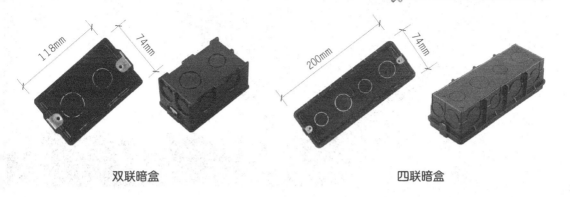

双联暗盒 四联暗盒

关于暗盒的尺寸

① 86 型（匹配 86 型的开关插座，有单暗盒、双联暗盒两种）。标准尺寸为 86mm×86mm，非标尺寸有 86mm×90mm、100mm×100mm 等。

② 118 型（匹配 118 型的开关插座，有四联盒，三联合，单盒三种）。标准尺寸为 118mm×74mm，非标尺寸有 118mm×70mm、118mm×76mm 等。另外还有 156mm×74mm、200mm×74mm 等多位联体暗盒。

③ 120 型（匹配 120 型的开关插座，有大方盒、小盒两种尺寸）。标准尺寸为 120mm×74mm，还有 120mm×120mm 等。

2. 暗盒的选购

暗盒款式的选择取决于开关插座的类型，开关插座是通过螺丝安装固定在暗盒上的，如果开关插座的螺丝孔和暗盒的螺丝孔对不上，开关插座就无法安装。例如喜欢 86 型的开关插座，就选购 86 型的暗盒。

选购时建议选择大品牌的暗盒，正规品牌都可以信任。好的暗盒采用 PVC 原生料生产，厚度大、金属件牢固、防火等级高。而有些小厂的产品直接用再生料来生产，盒体非常脆容易断裂且易燃。

七、PVC 电线套管的用处与选购

1.PVC 电线套管的用处

① PVC 电工套管的主要作用是保护电缆、电线。

② PVC 电工套管的常用规格有：$\Phi16$、$\Phi20$（用于室内照明）、$\Phi25$（用于插座或室内主线）、$\Phi32$（用于进户线或弱电线）、$\Phi40$、$\Phi50$、$\Phi63$ 及 $\Phi75$（用于室外配电线至入户的管线）等。

③所使用的阻燃型 PVC 塑料管，材质均有阻燃、耐冲击性能，氧指数不应低于 27% 的阻燃指标，并有合格证。

④阻燃型塑料管的外壁应有间距不大于 1m 的连续阻燃标记。

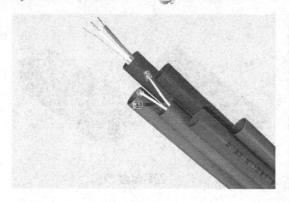

PVC 套管

2.PVC 电线套管的选购

①看外观。合格的产品管壁上会印有生产厂标记和阻燃标记，没有这两种标记的管不建议购买。

②电线套管产品规格分为轻型、中型、重型三种，家用电线管一般不宜选择轻型材料。外壁应光滑、无凸棱、无凹陷、无针孔、无气泡，内、外径尺寸应符合标准，管壁厚度均匀一致。

③用火烧。用火烧管体，离火后 30s 内自动熄灭的证明阻燃性佳。

④弯曲后应光滑。在管内穿入弹簧，弯曲 90°（弯曲的半径为管直径的 3 倍），外观光滑的为合格品。

⑤用重物敲击管体，变形后应无裂缝。

八、绝缘胶布的用处与选购

1. 绝缘胶布的用处

绝缘胶布指电工使用的用于防止漏电，起绝缘作用的胶带，又称绝缘胶带，主要用于 380V 电压以下使用的导线的包扎、接头、绝缘密封等电工作业。

胶布带，由基带和压敏胶层组成。基带一般采用棉布、合成纤维织物和塑料薄膜等，胶层由橡胶加增黏树脂等配合剂制成，具有良好的绝缘耐压、阻燃、耐候等特性，适用于电线接驳、电气绝缘防护。

2. 绝缘胶布的选购

绝缘胶布颜色多样

常用的绝缘胶布的种类有：PVC 防水绝缘胶布和高压自粘带。PVC 防水绝缘胶布，透明、柔软较好的防水绝缘功能；高压自粘带一般用在等级较高的电压上，延展性好，在防水上要更出色，但它的强度不如 PVC 胶布。可根据使用场所的特点购买单一品种或者两种配合使用。

九、焊锡（膏）的用处与选购

1. 焊锡（膏）的用处

焊锡膏也叫锡膏，灰色膏体。焊锡膏是一种新型焊接材料，是由焊锡粉、助焊剂以及其他的表面活性剂、触变剂等加以混合，形成的膏状混合物，以完全替代焊丝。

使用前将锡膏回温到使用环境温度25℃±2℃，回温时间约3～4h，温度恢复后须充分搅拌，方可使用。

膏体为灰色，是焊接材料，不是另一种助焊剂

保存锡膏的适宜温度是1～10℃，未开封的锡膏使用期限为6个月，存放时不可放置于阳光照射处

焊锡（膏）

2. 焊锡（膏）的选购

焊锡分为有铅焊锡（由锡和铅组成）和无铅焊锡（由锡铜合金做成，其中铅含量为1000ppm以下），无铅焊锡的抗氧化能力低、上锡能力差、熔点高，对操作要求高，选购时应根据使用需求具体选择。

若使用量不大，建议选择适合的容量包装，因为焊锡膏保存要求较高，开封后用不完会造成一定的浪费。

十、管夹的用处与选购

1. 管夹的用处

管夹也叫管箍，起到固定单根或多根PVC电线套管的作用。当线管多根并排走向时，可采用新型的、可组装的管卡进行组装卡管。

2. 管夹的选购

管夹型号有16mm、20mm、25mm、32mm、40mm、50mm几种，根据使用的PVC管的直径来选择。管夹的材料为PVC，好的PVC颜色为乳白色，不会雪白，且韧性很好，用手扳动不易碎裂、变形。

管夹

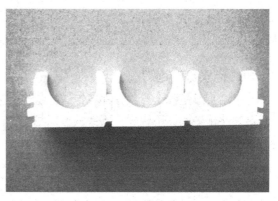

可组装管夹

十一、自攻钉的用处与选购

1. 自攻钉的用处

自攻钉也叫自攻螺丝，施工时不用打底孔和攻丝，头部是尖的，可以"自攻"。由于自带螺纹，螺丝拧入时被连接件会形成螺纹孔，具有高防松能力，结合紧密，且可以拆卸。

自攻钉的类型和特点

类型	特点	图片
圆头	是过去最常用的类型	
平头	可替代圆头的新设计，头部低、直径大，拧动起来更为轻松	
大扁头	是一种低型的大直径头型，可用于覆盖具有较大直径的金属板洞，也可用平头替代	
内六角头	头部有向内的六角形凹陷，头部比扳手头高	
外六角头	头部为平齐的六角形，没有凹陷	

2. 自攻钉的选购

不论头部是什么形状，都要饱满，底部的尖头部分要尖，操作时更容易拧进去。凹槽的位置要在头部中间，不能偏，圆头的可以把头部向下，垂直立起，如果立不起来或者偏向一边则不合格。

自攻钉因其特性，材料的硬度必须达到标准，可以用一个简单的方法进行测试，找个地方固定住螺丝，然后用锤子或者凿子敲打，要求在螺丝弯到15°以内不能断，好的可以到30°乃至45°以上。如果容易断裂，则说明材质不合格，不建议购买。

十二、膨胀螺栓的用处与选购

1. 膨胀螺栓的用处

膨胀螺栓是将管路支／吊／托架或设备固定在墙上、楼板上、柱上所用的一种特殊螺纹连接件。膨胀螺栓由沉头螺栓、胀管、平垫圈、弹簧垫和六角螺母组成。

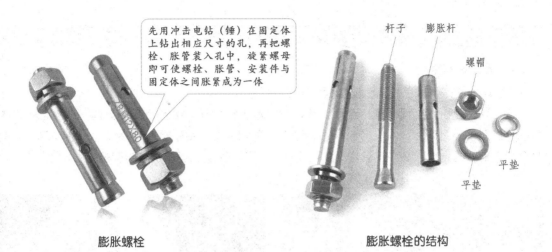

先用冲击电钻（锤）在固定体上钻出相应尺寸的孔，再把螺栓、胀管装入孔中，旋紧螺母即可使螺栓、胀管、安装件与固定体之间胀紧成为一体

杆子　膨胀杆

螺帽

平垫

平垫

膨胀螺栓　　　　　　　　　　膨胀螺栓的结构

膨胀螺栓的规格

螺纹规格 d/mm	螺栓长度 L/mm	胀管		被连接件厚度 H/mm	钻孔	
		外径 D/mm	长度 L_1 (mm)		直径 /mm	深度 /mm
M6	65、75、85	10	35	$L-55$	10.5	40
M8	80、90、100	12	45	$L-65$	12.5	50
M10	95、110、125、130	14	55	$L-75$	14.5	60
M12	110、130、150、200	18	65	$L-90$	19	75
M16	150、170、200、250、300	22	90	$L-120$	23	100

膨胀螺栓使用须知

①在墙面打孔时，孔的长度要稍长于螺栓的长度，胀管部分要全部进入墙体，只要螺纹部分够长，套管部分越深越牢固。

②膨胀螺丝必须装在比较坚硬的基础上，松软易脱落的地方装不稳，如墙壁的灰缝处。

③完工后切记不要把螺冒拧掉，若拿掉后孔钻得比较深时，螺栓掉进孔内很难取出。

2.膨胀螺栓的选择

建议选择知名品牌或大厂家生产的产品，螺栓的好坏主要取决于拉力，不靠仪器测量很难判断，证书齐全的品牌质量更有保障。

除此之外，可以简单地从外表来选择，根据所选购的螺栓型号与规格表对照，各个配件若符合尺寸要求且表面没有任何瑕疵，基本可以放心购买。

十三、螺纹管的用处与选购

1.螺纹管的用处

PVC 螺纹管是用来保护电线的套管，常用在吊顶上。

PVC 螺纹管和波纹管一样，可分为单壁塑料螺旋管和双壁螺旋管两种类型。由树脂加工成型的螺旋管能随意弯曲，具有较强的拉伸强度和剪切强度，由于螺旋缠绕筋的加强作用，使其具有较大的耐压强度。在许多场合，它能代替金属管、铁皮风管及相应实壁塑料管使用。

螺纹管

2.螺纹管的选购

①看外观。内、外壁应光滑，除了本身的螺纹，没有其他的凹陷、突出部位，无针孔、无气泡，内、外径尺寸应符合标准，管壁厚度均匀一致。

②阻燃型应好。用火烧管体，离火后 30s 内自动熄灭的证明阻燃性佳。

③抗压能力应强，重压后不易变形、开裂。

④弯曲后应光滑。不应有不圆滑的转角。

第 5 章

快速学会识图作图

要想胸有成竹，就要学会看图！本
章教你如何看懂各种水路、电路图，
并能自己作图。

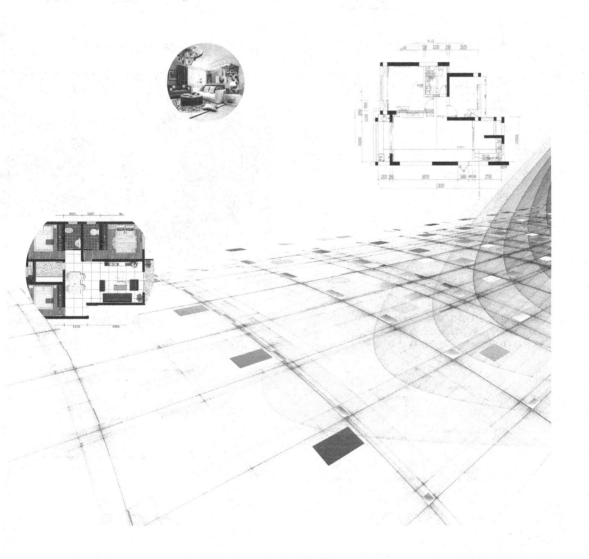

一、看家装施工图必备的基础知识

1. 家装常用的图纸以及作用

家装常用的施工图包括有平面布置图、顶面布置图、立面图、效果图、照明布置图、水路布置图、配电系统图和插座布置图等。

可以从图纸上了解家具、电器的分布位置以及交通路线等

平面布置图及作用

可以从图纸上了解天花板的吊顶造型以及顶面灯具的分布形式、数量、灯具的款式等

顶面布置图及作用

可以从图纸上了解墙面以及电视柜、衣柜等家具的造型、尺寸以及筒灯的安装位置及数量

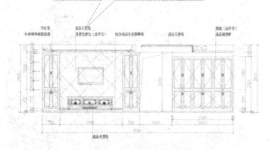

立面图及作用

从图纸上可以看出各种装饰的最终效果，包括颜色、材质、造型、灯光效果等

效果图作用

可以从图纸上了解照明的回路数量、回路上灯的数量、每盏灯与开关的关系与连接以及线路上的导线数量等

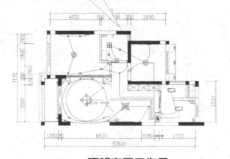

照明布置图作用

可以从图纸上看出水路中冷热管线的长度及分布情况

水路布置图作用

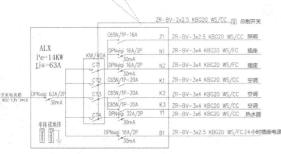

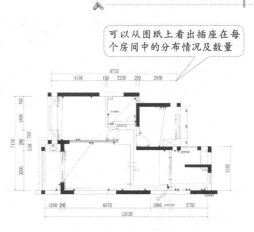

配电布置图作用　　　　　　　　插座布置图作用

2. 分辨图片种类,学会看图分析

了解了以上的所有图纸种类后,在看图时就可以迅速地了解这是一张什么种类的布置图,其中照明布置图、水路布置图、配电系统图和插座布置图是水电路施工图,里面有一些型号代码,可以通过下面详细的讲解来进行了解。

在看图纸时,可以将水电路系统图与家装的其他图纸相对照来分析,例如照明布置图上客厅中照明的种类和数量就可以对照效果图以及顶面布置图来看,这样更适合初次学习看图的人。

二、教你看水路图

1. 看水路布置图可以了解的信息

①水路冷热水的敷设情况,水路的总长度。

②用水设备的数量及位置。

2. 教你看实例

图中有冷热水管管线分布、走向、所有用水的电器的位置。

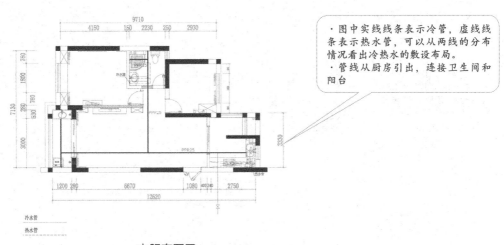

水路布置图

三、教你看配电系统图

1. 看配电系统图可以了解的信息

①电源进线的类型和敷设方式以及电线的数量。

②配电箱的编号和功率。

③进线总开关的类型与特点。

④是否有零排、保护线端子排。

⑤电源进入配电箱后分的回路数量及其名称功能、电线的数量、开关的特点与类型、敷设方式。

2. 教你看实例

如下图所示，从左至右分别为总电缆型号和规格,漏电开关型号和规格及配电箱型号和规格、主控器型号和规格以及电流互感器的数量，回路中开关的型号和规格、回路号、电线的型号及数量和保护管的型号、敷设方式以及回路名称。

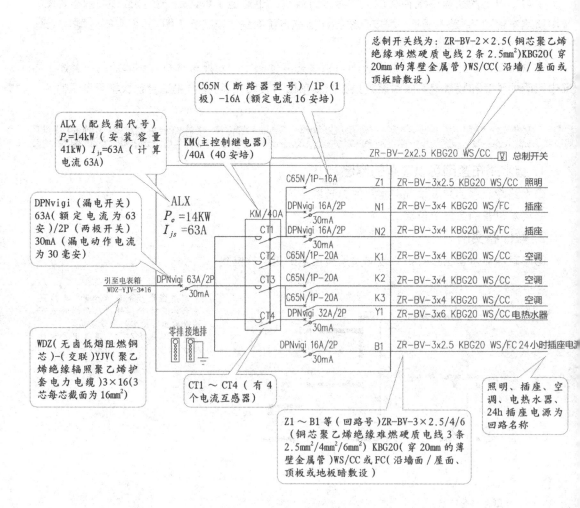

电箱系统图

从图上可以看出电源从配电箱中分出后为 8 个支路（回路）出来，具体如下。

Z1 支路的断路器为 16A 起跳、型号为 C65N 的 1 极断路器。出线为 3 根 2.5mm^2 的铜芯聚乙烯绝缘难燃硬质电线，穿直径为 20mm 的薄壁金属管（KBG），沿墙或顶板暗敷设。N1、N2 支路的断路器为电流 16A（漏电动作电流 30mA）起跳、型号为 DPNvigi 的 2 极断路器。出线为 3 根 4mm^2 的铜芯聚乙烯绝缘难燃硬质电线，穿直径为 20mm 的薄壁金属管（KBG），沿墙或地板暗敷设。

K1、K2、K3 支路的断路器为电流 20A 起跳、型号为 C65N 的 1 极断路器。出线为 3 根 4mm^2 的铜芯聚乙烯绝缘难燃硬质电线，穿直径为 20mm 的薄壁金属管（KBG），沿墙或顶板暗敷设。

Y1 支路的断路器为电流 32A（漏电动作电流 30mA）起跳、型号为 DPNvigi 的 2 极断路器。出线为 3 根 6mm^2 的铜芯聚乙烯绝缘难燃硬质电线，穿直径为 20mm 的薄壁金属管（KBG），沿墙或顶板暗敷设。

B1 支路的断路器为电流 16A（漏电动作电流 30mA）起跳、型号为 DPNvigi 的 2 极断路器。出线为 3 根 2.5mm^2 的铜芯聚乙烯绝缘难燃硬质电线，穿直径为 20mm 的薄壁金属管（KBG），沿墙或地板暗敷设。

配电系统图常见符号的含义

WDZN-BYJ（电线）：固定敷设用铜芯导体交联聚乙烯绝缘无卤低烟阻燃耐火型电线。

WDZN-YJF（电线）：铜芯导体辐照交联聚乙烯绝缘无卤低烟阻燃耐火型电线。

WDZN-YJFE（电缆）：铜芯导体辐照交联聚乙烯绝缘聚烯烃护套无卤低烟阻燃耐火型电缆。

YJF：辐照交联聚乙烯。

C65N/1P-16A 也可表示为 C65N-C63/1P：C65N 为断路器型号，P 为级数，A 为额定电流，DPN 16A/2P 同理。

回路号如 Z1/N1 等后标示的为电线型号、根数以及平方数。

在电线型号后表示的 KBG20 表示为 20mm 壁厚的金属管，现多用 PVC 管，则标示为 PC 字样。

四、教你看插座布置图

1. 看插座布置图可以了解的信息

①插座回路的数量及各回路的功能名称。

②每个插座回路上的插座数量及种类。

③每个插座的安装位置及尺寸。

④插座电线的敷设方式及路径。

家装常用电器设备图

图示	名称	额定电流	安装距离
	壁挂空调三级插座	250V 16A	暗装 距地面1.8m
	二、三级安全插座	250V 10A	暗装 距地面0.35m
	三级防溅水插座	250V 16A	暗装 距地面2.0m
	三级排风、烟机插座	250V 16A	暗装 距地面2.0m
	三级厨房插座	250V 16A	暗装 距地面1.1m
	三级带开关冰箱插座	250V 16A	暗装 距地面0.35m
	三级带开关洗衣机插座	250V 16A	暗装 距地面1.3m
	立式空调三级插座	250V 16A	暗装 距地1.3m
	热水器三级插座	250V 16A	暗装 距地面1.18m
	二、三级密闭防水插座	250V 16A	暗装 距地面1.13m
	电脑上网插座	—	暗装 距地面0.35m
	音频插座	—	暗装 距地面0.35m
	电视插座	—	暗装 距地面0.35m
	电话插座	—	暗装 距地面0.35m
	二、三级安全插座	—	地面插座
	电脑上网插座	—	地面插座
	单极单控翘板开关	250V 10A	暗装 距地面1.3m
	两极单控翘板开关	250V 10A	暗装 距地面1.3m
	三极单控翘板开关	250V 10A	暗装 距地面1.3m
	四极单控翘板开关	250V 10A	暗装 距地面1.3m
	单极双控翘板开关	250V 10A	暗装 距地面1.3m
	双极双控翘板开关	250V 10A	暗装 距地面1.3m
	三极双控翘板开关	250V 10A	暗装 距地面1.3m

2．教你看实例

如下图所示，从图上可以看出插座的数量、类型以及安装时距离地面的高度。其中根据"家装常用电器设备图"可以看出各符号代表的设备名称，后面标示的"H"代表安装时距离地面的高度。

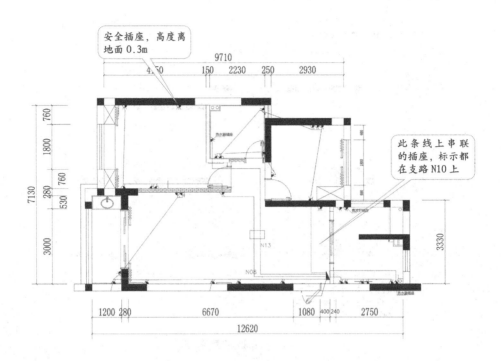

安全插座，高度离地面0.3m

此条线上串联的插座，标示都在支路N10上

插座系统图

五、教你看照明布置图

1．看照明布置图可以了解的信息

①照明的回路数量。

②每支回路上具体的灯具数量。

③每一盏灯具与开关的关系与连接方式。

④具体线路上的导线根数。

照明灯具图示

图示	名称	图示	名称	图示	名称
⊙	吊灯	◒	壁灯	●	球形灯
⊕	防雾灯	⊞	单头豆胆灯	⊗	花灯
⊕	射灯	⊞⊞	双头豆胆灯	- - - - - -	灯带

注：每个设计师表示灯具的符号会有区别，看图时可对照图表所附图解。

2. 教你看实例

如下图所示,从图上可以看出所有灯具的连接方式、每个开关控制的灯的数量及开关的类型,以及每个支路上导线的具体数量。

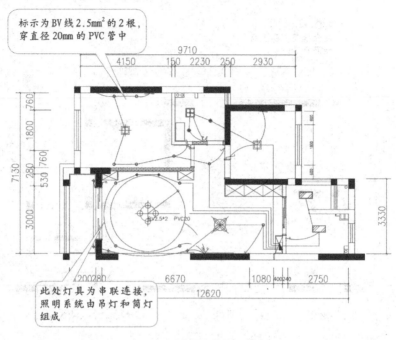

照明布置图

六、教你作水电完工后的布线图

①电路竣工图:标明导线规格及走向。

②水路竣工图:标明水路走向。

③水电隐蔽工程光盘(是目前最常用,也是最有效的方式方法)。在水电前期隐蔽工程结束后,用数码相机,对各个平面、立面、顶面进行拍摄,刻录成光盘存档,以取代手工绘画布管、布线图。

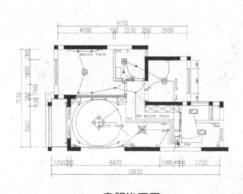

电路竣工图

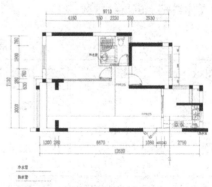

水路竣工图

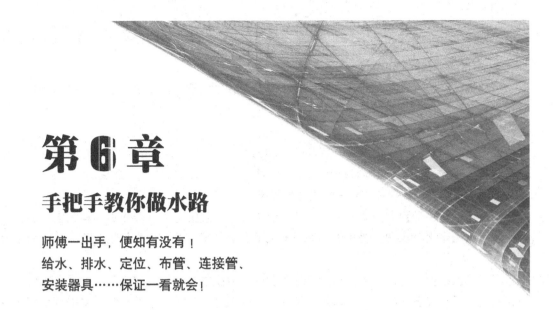

第6章

手把手教你做水路

师傅一出手，便知有没有！
给水、排水、定位、布管、连接管、
安装器具……保证一看就会！

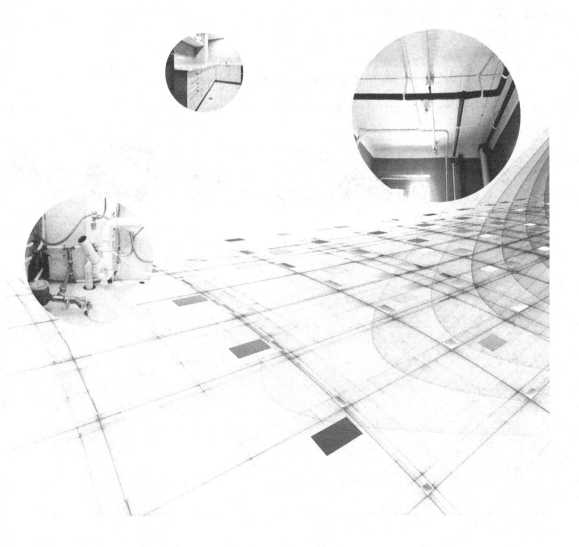

一、了解饮水管道的要求与规范

1. 家装饮用水管的选择

为保证家装给水管施工质量，首先要有符合各种性能要求的水管。管材产品质量的好坏直接影响到管网安全供水和饮用水的质量，它是保证施工质量的前提条件。作为供水管道，要求卫生、安全、节能、方便。

①安全。指水管应有足够的强度和优异的力学性能以及抗老化、耐热等性能。管材应能经受得起振动冲击，水锤和热胀冷缩等，并经受时间考验，不会漏水、不爆裂。

②卫生。指管道及配件须对人体无任何损害。

③节能。指要求管道内壁光滑，对流体阻力小，保温性能好，要求原材料无害、环保。经过比较可看出金属管比塑料管耗能、厚壁管比薄壁管耗能、管材内表面粗糙度大的比粗糙度小的耗能。

④经济。指材料价格适当，在满足使用安全、卫生的前提下，花费最少的钱。比较管材价格时同时还要比较管件的价格，以及施工费用，明显的例子就是家装用铝塑管的管材不太贵，但它的铜配件比每米管材要贵很多。

⑤方便性。是指管道连接、施工方便、可靠。

家装常用饮用水管的性能对比

类型	镀锌管	铜管	UPVC	铝塑管	PPR 管	PEX 管
图片						
耐温性	差	差	佳	佳	佳	佳
卫生性	佳	佳	差	佳	佳	佳
结垢	有	有	无	无	无	无
耐腐蚀性	差	差	差	佳	佳	佳
使用年限	5～10年	80年	5～10年	50年	50年	50年

续表

类型	镀锌管	铜管	UPVC	铝塑管	PPR 管	PEX 管
安装	难	难	一般	易	易	易
价格	较低	很高	较低	高	一般	一般
可靠性	差	差	一般	一般	一般	佳
节能性	差	差	一般	佳	佳	佳

管道常见塑料代号及含义

PPR：交联聚丙烯高密度网状工程塑料。

PF：高密度聚乙烯。

PP：聚丙烯。

PB：聚丁烯。

PEX：交连聚乙烯。

2. 饮用水管的要求与规范

①使用的水管必须符合饮用水管的选择标准。

②饮用水不得与非饮用水管道连接，保证饮用水不被污染。

③安装时，避免冷热水管的交叉敷设。如遇到必要交叉需用绕曲管连接。

④热熔时间不宜过长，以免管材内壁变形。连接时要看清楚弯头内连接处的间距，如果过于深入会导致管内壁厚变小影响水的流量。

⑤各类阀门安装应位置正确且平整。

⑥安装完毕后，应用管卡固定住。

⑦管卡的位置及管道坡度符合规范要求。

⑧安装后一定要进行增压测试。增压测试一般是在1.5倍水压的情况下进行，在测试中应没有漏水现象。

⑨安装好的水管走向和具体位置都要画在图纸上，注明间距和尺寸，方便后期检修。

冷热水管道避免交叉

安装结束后需打压测试

3.PPR 管的安装规范

现在家装多用 PPR 水管做饮用水管道，它的安装有一些独特的要求。

①开始施工时，管道的端部宜切掉 4 ～ 5cm。

②冬季施工应避免摩擦、敲击、碰撞或者摔打。

③ PPR 管道敷设最好走顶部，便于后期检修。

④管道和管件采用统一品牌产品连接的更好，不易出问题。

⑤使用带金属的螺纹管件时，必须用足生料带，避免漏水。

⑥管件不要拧得过紧，避免出现裂缝导致漏水。

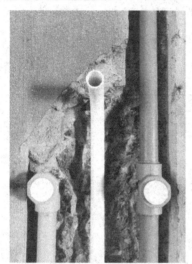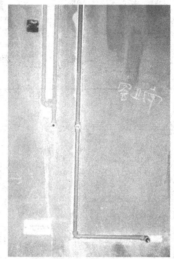

PPR 管的安装

卫生器具给水定额流量、当量、支管管径及流出水头规定值

名称	额定流量 /（L/s）	当量	支管管径 /mm	配水点前所需留出水头 /MPa
污水池龙头	0.20	1.0	15	0.020
厨房清洗盆龙头	0.20	1.0	15	0.015
集中给水龙头	0.30	1.5	20	0.020
洗水盆龙头	0.15	0.75	15	0.020
洗脸盆、漱洗槽龙头	0.20	1.0	15	0.015
浴盆龙头	0.30	1.5	15	0.020
淋浴器	0.15	0.75	15	0.025 ～ 0.040
大便器冲洗水箱浮球阀	0.10	0.5	15	0.020

名称	额定流量 / (L/s)	当量	支管管径 /mm	配水点前所需 留出水头 /MPa
大便器自闭式冲洗阀	1.20	6.0	25	按产品要求
大便槽冲洗水箱进水阀	0.10	0.5	15	0.020
小便器手动冲洗阀	0.05	0.25	15	0.015
小便器自闭式冲洗阀	0.10	0.5	15	按产品要求
小便器自动冲洗水箱进水阀	0.10	0.5	15	0.020
饮水器喷嘴	0.20	0.25	15	0.0208
家用洗衣机给水龙头	0.24	1.2	15	0.020

配水点及流出水头的含义

配水点指的是生活、生产给水系统中的用水点。

流出水头指各给水配件（用水设备）获得额定流量而必需的最小静水压力。

了解排水管道的要求与规范

①家用排水管应采用PVC-U排水管材和连接件。选择管壁上印有生产厂家名称、品牌、规格型号的合格产品。

②要求水管内外壁光滑、平整，无气泡、裂口和明显的痕纹、凹陷、色泽不均及分解变色线。

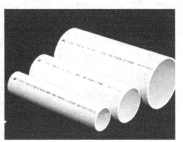  

正规PVC-U排水管，管体应有标示　　　　　　PVC-U水管配件

③盘水管一般应在地板下埋设或在地面上楼板下明设。

④若住房或工艺有需求，可在管槽、管道井、管沟或吊顶内暗设。

⑤若管道很长（连接厨房和卫生间，或通向阳台等），中间不要有接头，并且要适当放大管径，避免堵塞。

⑥安排排水管的位置时，应注意上方施工完成后不能有重物。

⑦排水管立管应设在污水和杂质最多的排水点处。

⑧卫生器具排水管与横向排水管支管连接时，可采用90°斜三通。

⑨排水管应避免轴线偏置，若条件不允许，可以采用乙字管或两个45°弯头连接。

⑩排水立管与排出管端部的连接，以采用两个45°弯头或弯曲直径不小于管径4倍的90°弯头。

⑪生活污水不宜穿过卧室、厨房等对卫生要求高的房间。

⑫生活污水管不宜靠近与卧室相邻的内墙。

⑬如果卫生器具的构造内已有存水弯，不应在排水口以下设存水弯。

⑭洗衣机的摆放位置确定后，排水口可以考虑设计到墙内。

⑮坐便器下水一般分为前下水和后下水两种，安装坐便器下水时，要清楚其下水方式。

⑯若选择立柱盆，则立柱盆的下水管安装在立柱内。下水口应设在立柱底部中心，或立柱背后，尽可能用立柱遮挡住。

⑰洁具下水安装的最小坡度值应符合"卫生洁具排水最小坡度规定值"。

管道安装完毕应及时用管卡固定，管材和管件或阀门之间应连接牢固，不得有任何松动

承插接口连接完后，应将挤出的胶黏剂用棉纱或干布蘸少许丙酮等清洁剂擦洗干净。根据胶黏剂的性能和气候条件静至接口固化为止。冬季施工时固化时间应适当延长

PVC-U排水管安装

⑱管道安装好以后，通水检查，用目测和手感的方法检查有无渗漏。查看所有龙头、阀门是否安装平整，开启是否灵活，出水是否畅通，有无渗漏现象。查看水表是否运转正常。没有任何问题后才可以将管道封闭。

卫生器具排水水量、当量、排水管管径及最小坡度规定值

名称	排水流量 / (L/s)	当量	排水管	
			管径 /mm	最小坡度
污水盆	0.33	1.0	50	0.025

名称	排水流量／（L/s）	当量	排水管	
			管径/mm	最小坡度
单格洗涤盆	0.67	2.0	50	0.025
双格洗涤盆	1.0	3.0	50	0.025
洗手盆、洗脸盆（无塞）	0.10	0.3	32～50	0.020
洗脸盆（有塞）	0.25	0.75	32～50	0.020
浴盆	1.0	3.0	50	0.020
淋浴器	0.15	0.45	50	0.020
大便器高水箱	1.5	4.5	100	0.012
大便器低水箱冲落式	1.5	4.5	100	0.012
大便器低水箱虹吸式	2.0	6.0	100	0.012
大便器自闭式冲洗阀	1.5	4.5	100	0.012
小便器手动冲洗阀	0.05	0.15	40～50	0.02
小便器自闭式冲洗阀	0.10	0.30	40～50	0.02
小便器自动冲洗水箱	0.17	0.50	40～50	0.02
饮水器	0.05	0.15	25～50	0.01～0.02
家用洗衣机	0.50	1.50	50	—

三、教你水路施工定位

1. 水路施工的流程

定位→画线→开槽→管线安装→水压测试→封槽→检查→二次防水。

2. 水路施工定位的要求

水路施工定位就是明确一切用水设备的尺寸、安装高度的尺寸及摆放位置，以免影响施工过程及水路施工要达到的使用目的。水路定位有以下几点要求。

①施工应严格遵守设计图纸的走向进行定位和施工。

②定位要求精准、全面、一次到位。

③对照水路布置图以及相关橱柜水路图，了解厨、卫以及有用水设备的阳台的功能与布局。

④需清楚预计使用的洁具（包括洗菜盆、面盆、马桶、小便器、浴缸、污水盆等）的类型以及给、排水方式，例如面盆是柱盆还是台盆，浴缸是普通浴缸还是按摩浴缸等。

⑤清楚热水器的数量，热水器的型号、每台型号要求的给、排水口位置、方式及尺寸。

⑥明确冷、热管道的位置与数量，有无使用的特殊需求。

⑦地漏的位置及数量。

⑧清楚以上数据后，用彩色粉笔做标注（不要用红色），字迹需清晰、醒目，应避开需要开槽的地方，冷、热水槽应分开标明。

水管定位尺寸要求

名称	尺寸 /cm	名称	尺寸 /cm
台盆冷、热水	高 50	标准浴缸	高 75
冲淋	高 100 ~ 110	墙面出水台盆	高 95
拖把池	高 65 ~ 75	按摩式浴缸	高 15 ~ 30
冷热水中心距	宽 15	小洗衣机	高 85
热水器高度（燃气）	高 130 ~ 140	热水器高度（电加热）	高 170 ~ 190
标准洗衣机	高 105 ~ 110	坐便器	高 25 ~ 35
蹲便器	高 100 ~ 110		

注：尺寸作为参考用，型号不同略有差别，请根据实际情况定夺。

四、教你水路施工画线与开槽

1. 画线的方法

①画线（弹线）是为了确定线路的敷设、转弯方向等，对照水路布置图在墙面、地面上画出准确的位置和尺寸的控制线。

②画线的工具包括圈尺、墨斗、黑色铅笔、彩色粉笔、红外光水平仪，可用尺画线，也可弹线。

③主要标出冷、热水管的分布以及各空间中出水、排水口的位置。

④画线（弹线）的宽度要大于管路中配件的宽度。

弹水平线

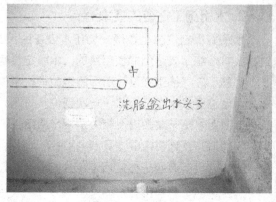

洗脸盆出水端口画线

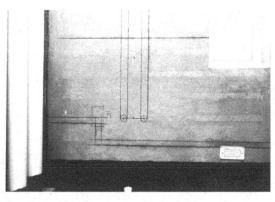

冷、热水管放样画线

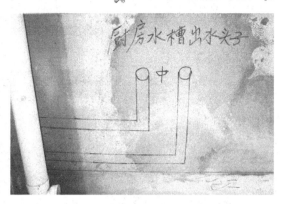

洗菜槽出水端口画线

2. 开槽的注意事项

①管道暗敷时槽深度与宽度应不小于管材直径加 20mm，若为两根管道，管槽的宽度要相应增加，一般为单槽 4cm，双槽 10cm，深度为 3 ～ 4cm。

②水管开槽原则是"走顶不走地、走竖不走横"，开槽尽量走顶、走竖。

③若钢筋较多，注意不要切断房屋结构的钢筋，可以开浅槽，在贴砖时加厚水泥层。

④水路走线开槽应该保证暗埋的水管在墙和地面内，不应外露。

⑤房屋顶面预制板开槽深度严禁超过 15mm。

⑥不准在室内保温墙面横向开槽，严禁在预埋地热管线区域内开槽。

⑦对槽内裸露的钢筋进行防锈处理，试压合格后用水泥砂浆填平。

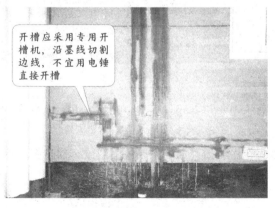

开槽应采用专用开槽机，沿墨线切割边线，不宜用电锤直接开槽

根据冷、热水管画线切割墙面

槽线应平整，不得有突出物

根据冷、热水管割线进行开槽

冷、热管槽不宜过挤

有热水的管槽一定注意宽度，不然可能会出现水循环到菜盆、面盆、淋浴器后有水不热的现象。大多是因为在安装水管过程中槽开得太窄，或冷、热水管挤得过紧造成的。

五、教你敷设给水管与排水管

1. 给水管的敷设

①管线尽可能与墙、梁、柱平行，呈直线走向，力求管路简短。

②暗装水管排列可以分为吊顶排列、墙槽排列、地面排列三种方式，根据具体的需求来选择安装方式。

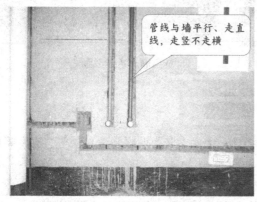

管线与墙平行、走直线，走竖不走横

吊顶排列：维修方便，但长度变长，阻力变大，不适合高层

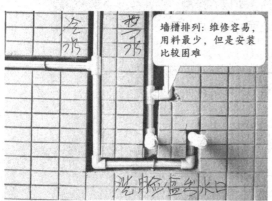

墙槽排列：维修容易，用料最少，但是安装比较困难

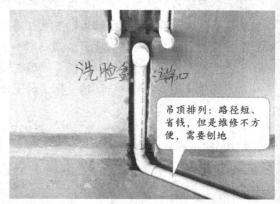

吊顶排列：路径短、省钱，但是维修不方便，需要刨地

给水管安装实例

③若需要穿墙洞，单根水管的墙洞直径一般要求不小于5cm（根据使用的管道直径具体决定），若为两根水管墙时，应分别打孔穿管，洞孔中心间距以15cm为宜。

④地面管路发生交叉时，次管路必须安装过桥在主管道下面，使整体管道分布保持在水平线上。

⑤冷热水管出口一般为左热右冷，冷热水出口中间距一般为15cm。冷热水出口必须垂直平行、高低一致。

⑥水管安装完毕后，需要对水管进行简易固定，让外接头与墙面保持水平一致，冷热水管的高度需一致，之后按照尺寸要求补槽。

⑦安装在吊顶上的给水管道，应用保温材料做好绝热防结露处理。

⑧最后封槽。

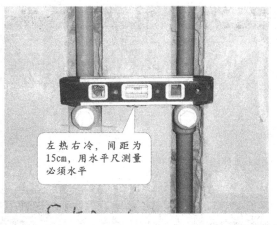

左热右冷，间距为15cm，用水平尺测量必须水平

安装完毕用管卡对水管简单的固定住

给水管安装实例

2. 排水管道的敷设

①所有通水的空间都需要安装下水管与地漏，PVC-U下水管连接时需用专用胶水涂均匀后套牢。

②排水管道需要水平落差到原毛坯房预埋的主下水管。

③若原有主下水管不理想，可以重新开洞铺设下水管，之后要求用带防火胶的砂浆封好管周。封好后用水泥砂浆堆一个高10mm的圆圈，凝固3天后，放满水，一天后查看四周有无渗透现象，如果没有则说明安装成功。

④若需要锯管长度需实测，并将各连接件的尺寸考虑进去，工具宜选用细齿锯、割刀和割管机等工具。断口应平整，断面处不得有任何变形。插口部分可用中号板锉锉成15°～30°坡口。坡口长度一般不小于3mm，坡口厚度宜为管壁厚度的1/3～1/2。坡口完成后，将残屑清除干净。

⑤新改造主排水管时，坐便器的下水应直接入主下水管，条件许可时宜设置存水弯，防止异味。

⑥地漏必须要放在地面的最低点。

⑦管道连接完成后，应先固定在墙体槽中，用堵丝将预留的弯头堵塞，将水阀关闭，进行加压检测，试压压力 0.8MPa，恒压1h不降低才合格。

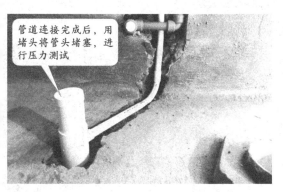

管道连接完成后，用堵头将管头堵塞，进行压力测试

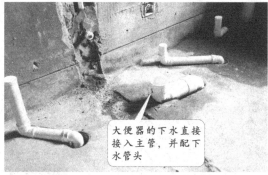

大便器的下水直接接入主管，并配下水管头

排水管安装实例

⑧橱柜、洗脸盆柜内下水管尽量安装在柜门边、柜中央部位等处。

六、教你水管开槽与布管

开槽与布管需要考虑的因素如下。

①浴缸上的冷热水龙头宜装在浴盆的中间位置，龙头中心距为浴缸上口 150～200mm，面向龙头热水在左、冷水在右。

②洗衣机的地漏避免采用深水封地漏。

③面盆的冷热水龙头进水端口离地高度为 500～550mm。

④大便器的进水管尽量安置在视线能够被挡住的地方，简洁美观。

浴缸龙头

大便器进水管隐藏

⑤冷、热供水管不能在同一个线槽中。

⑥冷热水管若受条件限制，必须在同一个线槽中时，要离开一定的距离，不宜紧挨，会影响热水的循环，若没有距离空间，可以用泡沫等保温材料包裹。

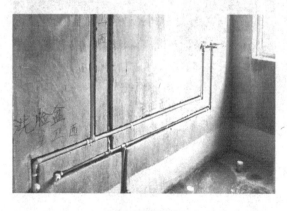

冷、热管分槽

同槽需有间隔

⑦若遇到实在不能开槽的情况，必须用卡扣固定，同时要保证两个卡扣之间的距离应小于70cm。

⑧墙面、地面内的PPR管必须用热熔连接。

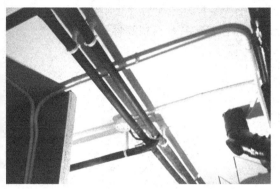

吊顶上给排水管明卡（吊卡）固定

PPR接头用热熔连接

七、教你管路封槽

1. 封槽的作用

铺设完水管后，应用1∶2的水泥将水管固定，这一环节就是"封槽"，目的是将管线与后期铺地板或铺砖所用的干砂隔开，防止水管的热胀冷缩造成瓷砖空鼓。

2. 封槽的注意事项

①水泥超过出厂期三个月不能用。不同品种、标号的水泥不能混用。黄砂要用河砂、中粗砂。

②水管线进行打压测试没有任何渗漏后，才能够进行封槽。

③水管封槽前，检查所有的管道，对有松动的地方进行加固。

④被封闭的管槽，所抹批的水泥砂浆应与整体墙面保持平整。

水泥砂浆及封槽施工

水管路封槽为何用水泥

关于封槽用石膏还是用水泥，很多人不清楚。石膏使用时不能太厚，厚了容易开裂。而水泥的特性则是不能太薄，太薄也会空鼓、开裂。

多数水管管槽的深度为30mm，因此用水泥最为合适，水泥至少要有3cm左右，才有一定的稳定性。厨、卫后期要贴砖，因此一定要用水泥封槽，石膏与水泥混合属于杂质，会影响后期粘砖的牢固度。而卧室等空间的浅槽则可使用石膏来封，不易开裂。

八、教你连接 PPR 管

1. PPR 管的连接方式

PPR 管常用的连接方式有：橡胶圈连接、粘接连接、法兰连接、热熔连接等形式。橡胶圈接口适用于管径为 D63 ~ D315 的 PPR 管材管件连接；粘接接口只适用管外径小于 160mm 的 PPR 管材管件的连接；法兰连接一般用于硬聚氯乙烯管与铸铁管等其他材料阀件等的连接；家装中 PPR 给水管道最常见的连接方式是热熔连接。

2. PPR 管的热熔连接

① PPR 管的热熔连接工具为热熔器。

接通电源后热熔器有红绿指示灯，红灯代表加温，绿灯代表恒温，第一次达绿灯时不可使用，必须第二次达绿灯时方可使用

根据所需管材规格安装对应的加热模头，并用内六角扳紧，一般小模具头在前端，大的在后端

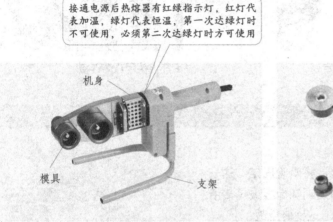

机身

模具

支架

热熔器

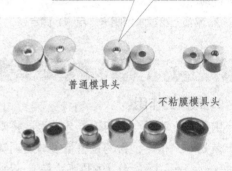

普通模具头

不粘膜模具头

不同规模的模具头

②热熔器使用前，需清理四周的障碍物和易燃物，然后将其固定在支架上，然后选择合适尺寸的模具头，将其固定。

安装模具头

③将管材切割刀合适的长度，切割时必须使端面垂直于管轴线，管材切割应使用专用管剪。

④热熔的最佳温度为 260 ~ 280℃，低于或高于该温度，都会造成连接处不能完全熔合，留下渗水隐患。

⑤热熔器接电，到达合适的焊接温度后，把管材直插到加热模头套内，到所标识的深度，同时，把管件也同样操作。

用管钳裁切水管

专业剪　　标剪　　快剪

专业剪　　标剪　　快剪

各种管钳

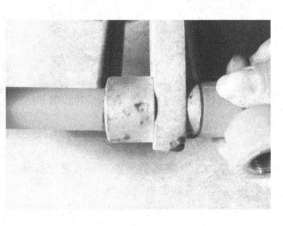

加工管口

检查管件及管体

⑥达到加热时间后，立即把管材、管件从加热模具上同时取下，迅速无旋转地直线均匀插入到已热熔的深度，使接头处形成均匀凸缘，并要控制插进去后的反弹。

⑦接好的管材和管件不可有倾斜现象，要做到基本横平竖直，避免在安装龙头时角度不对，不能正常安装。

⑧在规定的冷却时间内，严禁让刚加工好的接头处承受外力。

热熔操作

连接后的管件

熔接前需检查管材

对每根管材的两端在施工前应检查是否损伤，以防止运输过程中对管材产生的损害，如有损害或不确定，管安装时，端口应减去 4 ~ 5cm。

遇到管材壁厚在 5mm 以上时，应切割坡口，保证充分焊透。

PPR 管不同型号的加工时间

型号	热熔深度 /mm	加热时间 /s	加工时间 /s	冷却时间 /min
20 管	14	5	4	3
25 管	15	7	4	3
32 管	16.5	8	4	4
40 管	18	12	6	4.5
50 管	20	18	6	5
63 管	24	24	7	6

九、教你连接 PVC 管

1.PVC 管材的加工

PVC 管材确定了使用长度后，可以用钢锯、小圆锯来进行切割，切割后的两段应保持平整，用蝴蝶锉将毛边去掉，并且倒角（倒角不宜过大）。

钢锯

小圆锯

PVC 管胶水

2.PVC 管材的连接

PVC 给水管规格在 110mm 以下的用胶粘连接，110mm 以上的用胶圈连接（用专用橡胶圈，放入扩好的 R 口内，抹上润滑剂，再将管子插口插入）；排水管则都用胶粘连接。

胶粘的操作方法：将管材切割合适的长度后，将所有接口处理平齐、干净后，用 PVC 管胶水把管件的上、下口对好，在胶水没有干的时候往下按进，微调，晾干后即可使用。

十、教你连接安装与检查阀门

1. 阀门的安装

①阀门安装前，按设计文件核对其型号，并按流向确定安装方向，仔细阅读说明书。

②当阀门与管道以法兰或螺纹方式连接时，阀门应在关闭状态下安装；如以焊接方式安装时，阀门则不能关闭。

③用手柄拧动的阀门可以安装在管道中的任何位置中。

④气动驱动的或有齿轮箱的球阀应安装在水平管道上，直立安装，驱动装置应处于管道上方。

⑤采用法兰安装方式时，大门与管线的法兰之间应加密封圈。法兰上的螺栓要对扣后逐渐拧紧。

⑥淋浴上的混水阀需要同时连接上冷水管和热水管。

法兰连接

手动阀安装

2. 阀门的检查

①用手拧动的阀门旋转数次，应灵活无停滞现象，说明使用正常。

②驱动式球阀应操作驱动装置开关阀门数次，灵活无停滞，说明使用正常。

③检查球阀与管道之间的法兰连接，看密封性能是否达到要求。

淋浴混水阀

十一、教你安装水表

水表的安装步骤如下。

①水表是水用量的计量工具，为了保证计量的准确性，安装时水表进水口前段的管道长度应至少是5倍表径以上距离，出水口管道的长度至少是2倍表径以上的距离。

②安装水表前应保证管道内部干净无杂物，以防流入水表使其损伤。

③安装水表的管道应保证充满水，不会使气泡集中在表内，避免安装在管道的最高点。

④水表的进水口和出水口的连接管道不能缩小管径。

⑤水表前应安装一个阀门，以便维修的时候截断水路。

⑥水表水流方向要和管道水流方向一致。

水表安装实例

⑦水表口径的选择要根据额定流量来选择。

⑧水表上的法兰密封圈不能突出伸入管道内或错位安装。

⑨水表安装以后，要缓慢放水充满管道，防止高速气流冲坏水表。

⑩小口径旋翼式水表必须水平安装，前后或左右倾斜都会导致灵敏度降低。

月流量对应的口径尺寸

类型	水表口径 /mm	月流量 /m³
旋翼式	DN15	1 ~ 300
	DN20	150 ~ 450
	DN25	200 ~ 600
	DN40	500 ~ 1800
	DN50	900 ~ 2700
螺翼式	DN80	3000 ~ 12000

十二、教你布局厨房水路

厨房水路布局如下。

①厨房水管敷设尽量走墙不走地，地面要做防水，因为一旦出现问题，维修起来非常麻烦。

②冷、热进水口水平位置的确定：应该考虑冷、热水口的连接和维修空间，一般安装在洗物柜中，但要注意洗物柜侧板和下水管的影响。

③冷、热进水及水表高度的确定：应该考虑冷热水口，水表连接、维修、查看的空间及洗菜盆和下水管的影响，一般安装在离地200 ~ 400mm 的位置。

④下水口位置的确定：主要考虑排水的通畅，维修方便和地柜之间的影响，一般安装洗菜盆的下方。

⑤洗碗机进水、排水口位置的确定：冷、热进水口一般安装在洗物柜中，高度在墙面位置离地高200 ~ 400mm 的位置；排水口一般安装在洗碗机机体的左右两侧地柜内，不宜安排在机体背面。

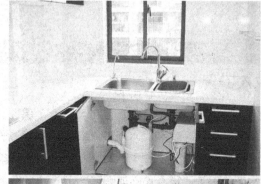

厨房管道口及水表尽量隐藏

十三、教你安装洗菜盆与水龙头

1. 洗菜盆龙头的安装步骤

洗菜盆龙头通常分以下几个步骤安装。

①按照说明书要求把龙头组装起来，先将一根软管连接到龙头上，从上方深入到面盆中，再将另一根软管套上易装器及橡胶垫从盆底穿过，之后拧紧易装器，最后拧紧易装器的套筒。

②安装水龙头时，要求安装牢固，连接处不能出现渗水的现象。

③龙头上进水管的一端连接到进水口时注意衔接处的牢固度要适宜，不可太紧或太松；冷热水管的位置是左热右冷。

※注：在选购龙头时，宜选择所需要的固定配件是纯铜或者不锈钢材质的款式，可以防止生锈腐烂。

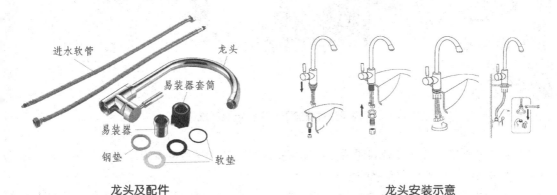

龙头及配件　　　　　　　　　　　　　龙头安装示意

2. 洗菜盆的安装步骤

洗菜盆分以下几个步骤安装。

①首先安装溢水孔（避免洗菜盆向外溢水的保护孔）的下水管，在安装溢水孔下水管的时候，要特别注意与盆上槽孔连接处的密封性，要确保不漏水，可以用玻璃胶进行密封加固。

②然后安装过滤篮的下水管，此时要注意下水管和槽体之间的衔接，要牢固、密封。

洗菜盆下水管

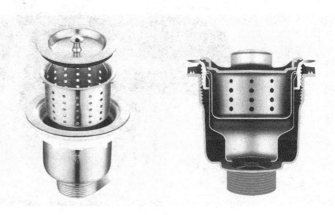

洗菜盆过滤篮结构

③再安装整体排水管，同样要牢固、密封性要好。

④基本安装结束后，安装过滤篮，进行排水试验，将洗菜盆放满水，同时测试两个过滤篮下水和溢水孔下水的排水情况。发现哪里渗水再紧固固定螺帽或是打胶。

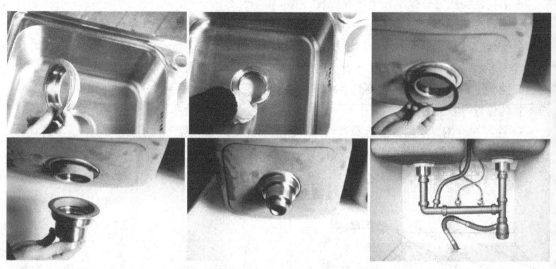

洗菜盆过滤篮下水管的安装示意

⑤做完排水试验确认没有问题后，对洗菜盆进行封边。使用玻璃胶封边，要保证洗菜盆与台面连接缝隙均匀，不能有渗水的现象。

※ 注：每个家庭选择的洗菜盆款式都会有一些差异，台面上所留出的洗菜盆位置应该和洗菜盆的尺寸相吻合。安装洗菜盆之前，应该把水龙头和进水管连接完毕。

安装完毕后的洗菜盆

十四、教你布局卫生间水路

卫生间水路布局如下。

①同厨房一样，卫生间的水管在敷设水管的时候尽量走墙不走地，以后维修不用破坏防水，更为方便、省力。

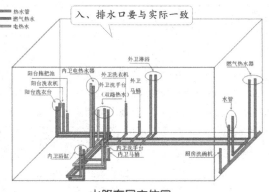

水路布局立体图

布局实例

②卫生间的主要用具是洁具，特别要注意每个洁具入水口、出水口与洁具本身高度是否一致，若布局的时候不一致，则后续不能正常安装和使用。

③若使用浴缸，则墙面的防水层应高出地面 250mm 以上。

④淋浴如果不是淋浴房，则墙面需要做防水，防水层的高度应不低于 180mm。

⑤地面必须要做防水层，若开槽布管，则必须连墙面需要的部分一起做二次防水。

⑥洁具安装完毕后，需做闭水试验。

卫生间水路布局

十五、了解卫生器具安装高度

每一种卫生器具都有不同的安装高度，即使同种器具不同型号的产品之间也有差距，可以通过表格详细地了解，以便于准确地布置卫生间的管路。

卫生器具安装高度

名称	安装高度 /mm	备注
污水盆（池）架空式	800	—
污水盆（池）落地式	500	—
洗涤盆（池）	800	自地面至器具上边缘
盥洗槽	800	自地面至器具上边缘
蹲式大便器高水箱	1800	自台阶面至高水箱底
蹲式大便器低水箱	900	自台阶面至低水箱底
坐式大便器高水箱	1800	自地面至高水箱底
坐式大便器低水箱（外露排水管式）	510	自地面至低水箱底
坐式大便器低水箱（外露排水管式）	470	自地面至低水箱底
小便器（挂式）	600	自地面至下边缘
妇洗器	360	自地面至器具上边缘

卫生器具给水配件的安装高度

给水配件名称	配件中心距地面高度 /mm	冷热水龙头间距 /mm
架空式污水盆（池）水龙头	1000	—
落地式污水盆（池）水龙头	800	—
洗涤盆（池）水龙头	1000	150
住宅集中给水龙头	150	—
洗手盆水龙头	1000	—
洗脸盆水龙头（上配水）	1000	150

给水配件名称	配件中心距地面高度 /mm	冷热水龙头间距 /mm
洗脸盆水龙头（下配水）	800	150
洗脸盆水龙头角阀（下配水）	450	—
盥洗槽水龙头	1000	150
盥洗槽冷热龙头上下并行	1100	150
浴盆水龙头（上配水）	670	150
淋浴器截止阀	1150	95
淋浴器混合阀	1150	—
淋浴器淋浴喷头下沿	2100	—
蹲式大便器（台阶面算起）高水箱角阀及截止阀	2040	—
蹲式大便器（台阶面算起）低水箱角阀	250	—
蹲式大便器（台阶面算起）手动式自闭冲洗阀	600	—
蹲式大便器（台阶面算起）脚踏式自闭冲洗阀	150	—
蹲式大便器（从地面算起）拉管式冲洗阀	1600	—
蹲式大便器（从地面算起）带防污助冲器阀门	900	—
坐式大便器 高水箱角阀及截止阀	2040	—
坐式大便器 低水箱角阀	150	—
大便槽冲洗水箱截止阀（从台阶面算起）	≥ 2400	—
立式小便器角阀	1130	—
挂式小便器角阀及截止阀	1050	—
小便槽多孔冲洗管	1100	—
妇洗器混合阀	360	—

十六、教你安装面盆与立柱盆

1. 面盆的安装步骤

面盆的安装步骤为：插入膨胀螺栓→挂盆管架→脸盆放在架上找平→安装下水器→调直面盆→连接上水管。

把下水器下面的固定件与法兰拆下

抬起台盆，把下水器的法兰拿出

  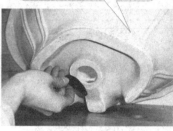

从下方固定在台盆的下水孔上，使其紧扣

法兰放紧后，把盆放平在台面上，下水口对好台面的口

在下水器适当位置缠绕上生料带，防止渗水

 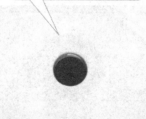 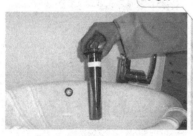

把下水器对准盆的下水口放进去

调整下水器，放置的位置需平整

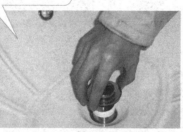 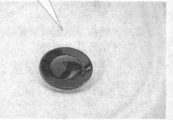

拿出下水器的固定器，用手拧在下水器上

用扳手拧动固定器，把下水器固定紧

在盆内注满水，做闭水测试看是否渗漏

台盆下水器安装示意

2. 面盆的安装规范

①面盆的表面应保持平整，并且没有任何损坏。

②排水栓的溢流孔直径不应该小于 8mm。

③洗涤盆和排水栓进行交换接流时，排水栓的溢流孔应该要对准排水栓的溢流孔，这样才能保证溢流的地方是流畅的，而且对接之后的上端面应该要低于洗涤盆的盆底。

④托架中的固定螺栓应该采用 6mm 以上的镀锌膨胀金属螺栓。

⑤若墙体材料为多孔砖，则不能用膨胀螺栓固定托架。

⑥洗涤盆和排水管连接时要紧固牢实，方便拆卸，连接处不能有敞开的口子，和墙面进行接触的时候应用硅胶嵌在缝隙中。

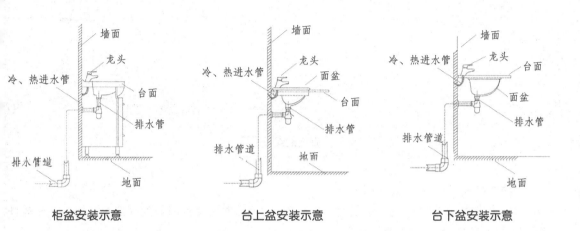

柜盆安装示意　　　　　　台上盆安装示意　　　　　　台下盆安装示意

面盆安装注意事项

台下盆开孔在工厂开好，现场打磨费时间而且效果很差，要注意的是预先开孔位置一定要准确。

洗脸池的深度与安装在上面的水龙头水流的强度应成正比，即深池才能安装水流强的龙头。在底浅的池上安装粗的龙头，在用水时会溅到身上。

台下盆配龙头时要注意，盆边有厚度龙头嘴要长些。

洗脸池的池边须稍高于台面，与台面相接处一定要平滑。

3. 立柱盆的安装步骤

①将盆放在立柱上，挪动盆与柱使接触吻合，移动整体至定位的安装位置。

②将水平尺放在盆上，校正面盆的水平位置。

③盆的下水口与墙上出水口的位置应对应，若有差距，移动盆和立柱（移动盆和立柱后，应再次校正面盆的水平位置）。

④在墙和地面上分别标记出盆和立柱的安装孔位置。

⑤将盆和立柱移开。

⑥按提供的螺丝大小在墙壁和地面上的标记处钻孔（钻孔的孔径和深度要足够安装螺杆）。

⑦塞入膨胀管，将螺杆分别固定在地面和墙上，地面的螺杆外露约25mm，墙上的螺杆露出墙面的长度按产品安装要求。

⑧按照制造商说明书的步骤，安装龙头和排水组件。

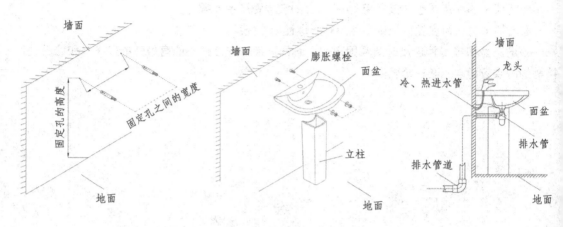

立柱盆安装示意

⑨将立柱固定在地面上。

⑩将面盆放在立柱上，安装面涂抹玻璃胶，安装孔对准螺栓将面盆固定在墙上，并使螺杆穿过盆的安装孔（盆必须由立柱支撑）。

⑪将垫片，螺母等配件按顺序套入螺杆，用扳手旋紧螺母直至垫圈与盆接触为止，再盖上装饰帽（螺母不宜拧得太紧，否则可能损坏产品）。

⑫连接供水管和排水管（如果分冷、热水，根据龙头上的标志连接）。

⑬将立柱与地面接触的边缘、立柱与洗面器接触的边缘涂上玻璃胶，放在洗面器下面固定。

⑭用软管连接角阀并放水冲出进水管内残渣。

⑮试冲水，无异常可使用。

十七、教你安装面盆龙头

面盆龙头的安装步骤如下。

①取出水龙头，将龙头本体上的固定螺母和垫圈取下。

②将垫片装入龙头，再把龙头装入龙头安装孔内，套上黑色垫圈，固定螺母后，旋紧螺母。

③将冷、热进水管拧动安装，必须拧紧，否则会导致漏水。

④取出橡胶垫圈和全铜垫片，将垫圈，垫片依次套上。

⑤用固定螺母套在紧固螺杆上，并拧紧，再用套筒紧固螺母，锁紧即可。

※ 注：若购买的是三孔龙头，则先安装两侧的开关，后安装中间的龙头，再将下面的三部分连接起来即可。

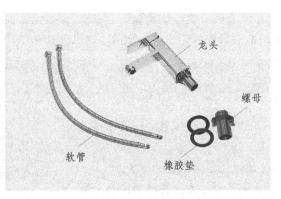
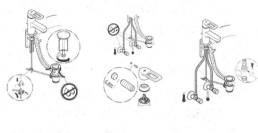
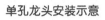

单孔龙头及配件　　　　　　　单孔龙头安装示意

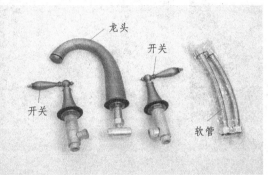
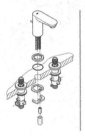
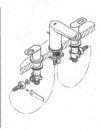

三孔龙头及配件　　　　　　　三孔龙头安装示意

十八、教你安装坐便器

坐便器的安装步骤如下。

①坐便器安装前先确定产品型号是否正确，配件、说明是否完整，并仔细看阅读说明书。

②在安装先对排污管道进行检查，不能有泥砂、废纸等杂物堵塞。

③用水平仪检查安装位置地面是否水平，如地面不平，将地面找平。

④根据坐便器的尺寸，把多余的下水口管道裁切掉。

⑤将坐便盖安装到坐便器上。

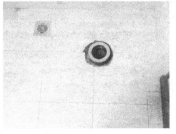
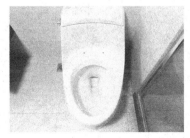

坐便器安装示意（一）

⑥翻转坐便器，在排污口上确定中心位置并划出十字线，或者直接画出坐便器的安装位置。

⑦确定坐便器底部安装位置，将坐便器下水口的与地面排污口的十字线对准，保持坐便器水平，用力压紧法兰（没有法兰要涂抹准用密封胶）。

⑧保持坐便器与墙间隙均匀，平稳端正地摆好。

⑨坐便器与地表面交会处，用透明密封胶封住，可以把卫生间局部积水挡在坐便器的外围。

⑩坐便器就位后要求进水无渗漏、水位正确、冲刷畅通、开关灵活、盖稳固。

⑪坐便器定位后安装和调试水箱配件。

⑫先检查自来水管，放水 3～5min 冲洗管道，以保证自来水管的清洁。

⑬之后安装角阀和连接软管，将软管与安装的水箱配件进水阀连接并按通水源。

坐便器安装示意（二）

⑭完毕后检查进水阀进水及密封是否正常，检查排水阀安装位置是否灵活有无卡阻及渗漏，检查有无漏装进水阀过滤装置。

⑮安装水箱后接通水源，检查进水阀进水及密封是否正常，检查排水阀安装位置是否灵活，有无卡阻及渗漏，有无漏装进水阀过滤装置等。

⑯安装坐便器后，应等到玻璃胶固化后方可放水使用，一般为 24h。

※ 注：智能坐便器需要连接电源，安装的时候注意连体坐便器的进水管口、出水口与墙壁间的距离、固定螺栓打孔的位置均不得有水管、电线经过。

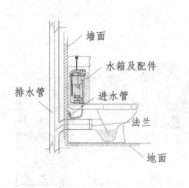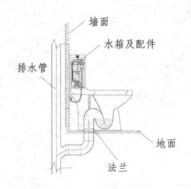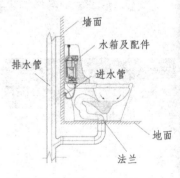

| **直冲连体坐便器安装示意** | **直冲分体坐便器安装示意** | **虹吸坐便器安装示意** |

坐便器安装注意事项

①给水管安装角阀的高度一般为 250mm（从地面到角阀中心）。

②低水箱坐便器的水箱应用镀锌开脚螺栓或采用镀锌金属膨胀螺栓来固定。

③墙体如果是多孔砖则禁止使用膨胀螺栓固定，水箱与螺母间应使用塑胶垫片，不宜使用硬质的金属垫片。

④连体坐便器的水箱背部离墙的距离不宜大于 20mm。

⑤安装坐便器时，底部密封可用密封胶和水泥砂浆混合物，但不能单独用水泥，会开裂。

十九、教你安装淋浴器

淋浴器的安装步骤如下。

①将各部分零件按照说明书的示意组装起来。

②关闭总阀门，将墙面上预留的冷、热进水管的堵头取下，打开阀门放出水里面的杂物。

③将冷、热水阀门对应的弯头涂抹铅油、缠上生料带，与墙上预留的冷、热水管头对接、用扳手拧紧。

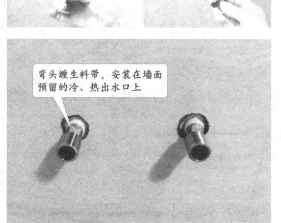

弯头缠生料带，安装在墙面预留的冷、热出水口上

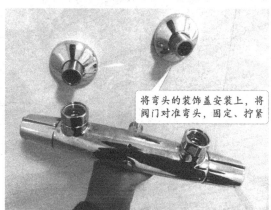

将弯头的装饰盖安装上，将阀门对准弯头，固定、拧紧

淋浴器安装示意（一）

④将淋浴器阀门上的冷、热进水口与已经安装在墙面上的弯头试接，若接口吻合，把弯头的装饰盖安装在弯头上，拧紧。

⑤将淋浴器阀门与墙面的弯头对齐后拧紧。

⑥扳动阀门，测试安装是否正确。

⑦将组装好的淋浴器连接杆放置到阀门上预留的接口上，使其垂直直立。

⑧将连接杆的墙面固定件放在连接杆上部分的适合位置上，用铅笔标注出将要安装螺丝的位置。

⑨在墙上的标记处打孔，用冲击钻打孔，安装膨胀塞。

⑩将固定件上的孔与墙面打的孔对齐，用螺丝固定住。

⑪将淋浴器上连接杆的下方在阀门上拧紧，上部分卡进已经安装在墙面上的固定件上。

⑫弯管的管口缠上生料带，固定喷淋头。

⑬安装手持喷头的连接软管。

⑭安装完毕后，拆下起泡器、花洒等易堵塞配件，让水流出，将杂质完全清除，再装回。

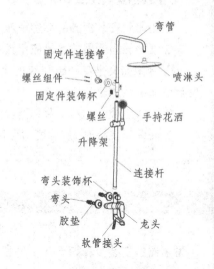

淋浴器配件结构

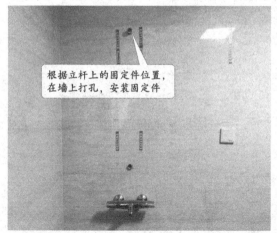

根据立杆上的固定件位置，在墙上打孔，安装固定件

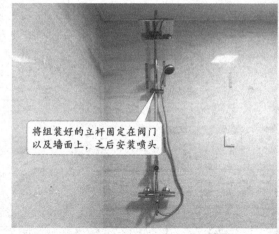

将组装好的立杆固定在阀门以及墙面上，之后安装喷头

淋浴器安装示意（二）

淋浴器安装注意事项

①给淋浴器预留的冷、热水接口，安装时要调正角度。可以先购买淋浴器，在贴瓷砖前把花洒拧上，看一下是否合适。

②一般来说，淋浴器的花洒和龙头是配套安装、使用的，龙头距离地面 70～80cm，淋浴柱高为 1.1m，龙头与淋浴柱接头长度为 10～20cm，花洒距地面高度在 2.1～2.2m。

③一般情况下，冷热水分布应为面对龙头左热右冷，有特殊标识除外。

④随龙头所附工具应保留，以便日后维修用。

⑤安装升降杆的高度，其最上端的高度比人身高多出 10cm 即可。

二十、教你安装浴缸

浴缸的安装步骤如下。

①将浴缸放置到预装的位置，用水平尺检查水平度，若不平可通过浴缸下的几个底座来调整水平度。

浴缸安装示意（一）

②将浴缸上面的阀门与软管按照说明书示意连接起来。
③将浴缸上的排水管塞进排水口内，多余的缝隙用密封胶填充上。
④对接软管与墙面预留的冷、热水管的管路及角阀，用扳手拧紧。

浴缸安装示意（二）

⑤拧开控水角阀，检查有无漏水。
⑥安装手持花洒和去水堵头。
⑦测试浴缸的各项性能，没有问题后将浴缸放到预装位置，与墙面靠紧。
⑧用玻璃胶将浴缸与墙面之间的缝隙密封。

浴缸安装示意（三）

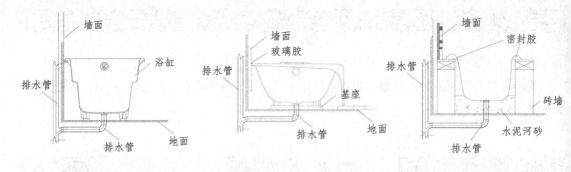

亚克力浴缸安装结构　　　铸铁右裙边浴缸安装结构　　　铸铁无裙边浴缸安装结构

浴缸安装注意事项

①安装带有裙板的浴缸时，裙板底部应紧贴地面，楼板在排水处应预留250～300mm的孔洞，便于排水安装。

②内嵌式的无裙浴缸，安装时根据有关规定确定浴缸上平面高度，再将底部填装基座材质，如水泥河砂等。

③无论何种类型的浴缸，安装时上平面必须用水平尺找平，不得倾斜。

④各种浴盆的龙头应至少高出浴缸上平面150mm。

⑤安装龙头时需注意不要破坏表面的金属层。

二十一、教你选择和安装地漏

1. 地漏的类型

目前市场上的地漏从材料上分，主要有铸铁、PVC、铝合金、不锈钢、黄铜等材质。

地漏从使用功能上分，有普通淋浴区地漏，洗衣机专用地漏，两用地漏，手盆、洗菜盆下水专用防臭下水接头及地漏改造用的防臭地漏芯等。

地漏按照构造结构还可分为水封地漏和无水封地漏。

地漏材质对比

材料	特点	图片
铸铁	早期普遍使用的产品，价格便宜，但外观粗糙，容易挂脏生锈，不易清理，现在属于淘汰产品	
PVC	PVC地漏是继铸铁地漏后出现的产品，也曾普遍使用。价格低廉，重量轻，不耐划伤，遇冷热后物理稳定性差，易发生变形，是低档次产品	

材料	特点	图片
合金类	合金材料材质较脆，强度不高，时间长了如使用不当，面板会断裂。价格中档，重量轻，但表面粗糙，市场占有率不高，如铝合金地漏、锌合金地漏等	
不锈钢	不锈钢地漏价格适中，款式美观，市场占有量较高，材质有304不锈钢及201不锈钢之分，前者不会生锈，质量要高于后者，购买时要事先问清	
黄铜	黄铜地漏分量重、外观感好、工艺多，豪华产品多为此类，但有的铜地漏镀铬层较薄，时间长了地漏表面会生锈	

地漏结构对比

构造	名称	特点	图片
水封地漏	倒钟罩式	利用虹吸原理，加大了排水速度，同时克服了排水管道大量排水时，在管道内产生虹吸效果而破坏地漏水封的现象，有效地保护了地漏的密闭功效	
	偏心式	将返水弯做到下水管里，地漏芯是工程塑料制造，构造简单、设计巧妙，用很少量的水就能达到深水封的效果	
	酒提式	外形如打酒的酒提，大管套小管，这样的结构不仅排水畅通，还解决了易挂毛发的问题	
无水封地漏	机械无水封（弹簧、磁铁、浮球、偏心块）	通过弹簧、磁铁、轴承等机械装置，用软质材料将地漏下水的臭气密封住，排水量大，但弹盖板一旦生锈，密封性就会失去保障，防臭效果也就会丧失	
	机械无水封（重力滑动式）	不借助弹簧、磁铁等外力，排水量大，杂质污物随排水流直接冲入下水道中排出，不会藏污纳垢，不会堵塞，而且水压越大，密封性越好，且易清洁	
	硅胶无水封	柔软，耐高温，不用水时闭合严密，不会漏气，排水特别通畅，密封极好，不会引起管道堵塞，可以算是免清理地漏	

2. 如何选择地漏

①排水通畅，不仅要下水快，还要防堵塞防返水。

②一般下水孔的直径越大排水流量也大，需要注意的是洗衣机瞬间排水量很大，所以建议选择直排水类型的地漏。

③防臭功能要好，防返味、防害虫，在经常用水的地方可选用深水封地漏，不常用水比较干燥的地方最好用无水封地漏。

④便于清理，最好是免清理类型。

⑤还要注意材料的工艺是否精细，表面是否圆滑平整，粗糙或有毛刺的地漏易挂脏东西，会影响地漏的自清洁功能。

地漏安装效果

⑥在不影响排水及防臭功能的前提下，尽量选薄型地漏，使卫生间的坡度更大一些，以利于排水，尤其是有暖气的北方。

地漏的价格

一般来说铝合金、锌合金的最便宜，售价 30 ～ 40 元，不锈钢的 50 元左右，黄铜的 60 ～ 70 元，工艺复杂一些的 100 元左右。

※ 注：现在合金的材料电镀以后，外表和铜基本分辨不出，鉴别的时可以用手掂量一下，铜质材质比较重，合金的轻。

---

3. 地漏的安装数量与位置

(1) 必须安装地漏的位置

①淋浴下面。适宜选择可以便于清洁的款式，因为头发较多。1 ～ 2 个淋浴器需要直径为 50mm 的地漏，3 个需要直径为 75mm 的地漏。

②洗衣机附近。这里的地漏要关注排水速度问题，直排地漏是最佳选择。

淋浴地漏

洗衣机地漏

(2) 可选择安装地漏的位置

①坐便器旁边。坐便器旁边的地面会比较低，容易积水，时间长了会有脏垢积存，安装一个地漏利于排水，带有滤网的地漏可以防止杂物。

②面盆下边。面盆如果没有做防臭处理会有臭味，通常会认为是其他地漏有问题。如果面盆下水为防臭下水，就可以不用地漏。

坐便器地漏

面盆下地漏

③厨房和阳台。如果厨房排水管为成反水弯式可以不用装地漏，若不是，建议安装。一般阳台都用来晾晒衣服，也会有少量的积水，建议安装。

厨房地漏

阳台地漏

4．地漏的安装步骤

①安装之前，检查排水管直径，选择适合尺寸的产品型号。

②铺地砖前，用水冲刷下水管道，确认管道畅通。

③以下水管中心为基准，将地砖按地漏体尺寸裁切出方孔。

④以下水管为中心，将地漏主体扣压在管道口，用水泥或建筑胶密封好。地漏上平面低于地砖表面 3 ～ 5mm 为宜。

⑤将防臭芯塞进地漏体，按紧密封，盖上地漏箅子，加入适量水填满水封即可。

二十二、教你安装地暖

1. 地暖的作用及特点

地暖是地板辐射采暖的简称，是将温度不高于 60℃ 的热水或发热电缆，暗埋在地热地板下的盘管系统内加热整个地面，通过地面均匀地向室内辐射散热的一种采暖方式。

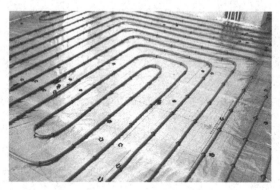

地暖铺设结构

与传统供热方式对比，有以下优点。

①舒适健康。热量以辐射的方式传递，不会干燥空气，辐射的波长远红外，对人体有益。

②节能环保。同样的室温效果比传统采暖可以调低 2 ~ 3℃，节约能源，且不会污染室内空气。

③散热均匀稳定。通过混凝土传热，热量散发均匀，且混凝土有蓄能作用，即使间歇供暖也能保持室温稳定。

④减少楼层噪声。采用地暖增加了保温层，具有非常好的隔音效果，可降低噪声污染。

2. 地暖的分类

地暖可分为电暖和水暖两种方式。电暖分为电缆线采暖、电热膜采暖、碳晶板采暖和电散热器采暖等；水暖分为低温地板辐射采暖、散热器采暖和混合采暖等。

采暖方式对比

比较项目	水暖	电暖
安装	湿式地暖，安装难度高，系统维护、调试成本高，100 ㎡ 需 4 人 5 天。干式地暖施工简单，100 ㎡ 2 人 1 天就可完工	安装简便，100 ㎡ 需 4 人 2 天
采暖效果	预热时间 3h 以上，地面达到均匀至少 4h 以上，冷热点温差 10℃	预热时间 2 ~ 3h，均热时间 4h 左右，冷热点温差 10℃
层高影响	保温层 2cm+ 盘管 2cm+ 混凝土层 5cm=9cm	保温层 2cm+ 混凝土层 5cm=7cm

续表

比较项目	水暖	电暖
耗材	水管内温度55℃以上，因此地面混凝土厚度在3cm以下会开裂，必须加装钢丝网，至少增加30元/㎡的水泥成本	电缆线温度在65℃以上，地面混凝土厚度至少5cm，并需加装钢丝网，至少增加30元/㎡的水泥成本
耗能	实际使用能耗很高，经验数值为100㎡的房间每月1800元以上	电能耗高，经验数值为100㎡的房间每月1500元以上
寿命	地下盘管50年，铜质分集水器10～15年，锅炉整体寿命10～15年	地下发热电缆30～50年，10年之内电缆外护套层有老化现象，热损增高温控器3～8年

3. 地暖常见布管方式

地暖管路的铺设有多种形式，可根据实际情况而决定，不能千篇一律。

①螺旋形布管：产生的温度通常比较均匀，并可通过调整管间距来满足局部区域的特殊要求，此方式布管时管路只弯曲90°，材料所受弯曲应力较小。

②迂回形布管：产生的温度通常一端高一端低，布管时管路需要弯曲180°，材料所受应力较大，适合在较狭的小空间内采用。

③混合形布管：不同的建筑有不同的户型特点，除以上两种典型布管方式外，混合形布管方式也经常被采用。

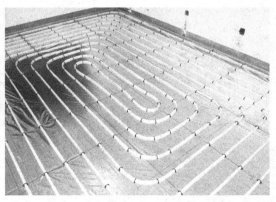

螺旋形布管

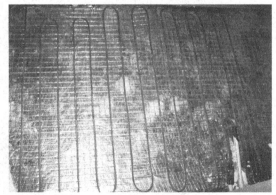

迂回形布管

4. 地暖安装步骤

地面找平层检验完毕→材料准备→安装地暖分水器→连接主管→铺设保温层、边界膨胀带→铺设反射铝箔层→铺设盘管→连接分水器→根据施工图进行埋地管材铺设→设置过门伸缩缝→中间验收（一次水压试验）→豆石混凝土填充层施工→完工验收（二次水压试验）→地暖公司进行运行调试。

5. 地暖安装施工要求

①分集水器用 4 个膨胀螺栓水平固定在墙面上，安装要牢固。

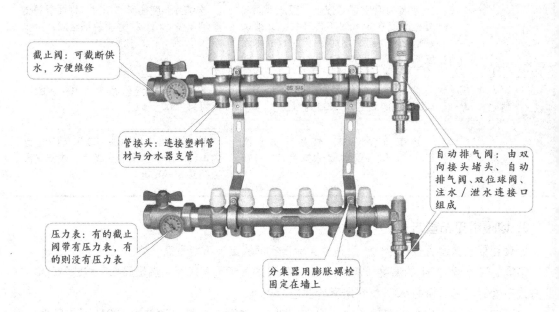

截止阀：可截断供水，方便维修

管接头：连接塑料管材与分水器支管

压力表：有的截止阀带有压力表，有的则没有压力表

自动排气阀：由双向接头墙头、自动排气阀、双位球阀、注水 / 泄水连接口组成

分集器用膨胀螺栓固定在墙上

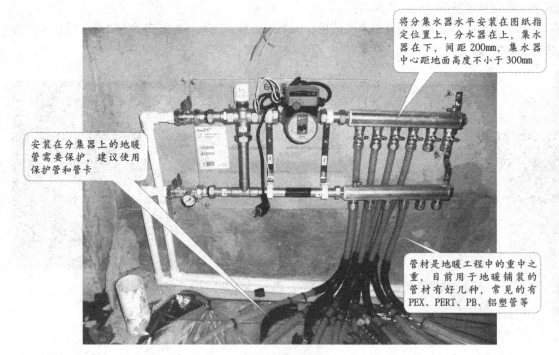

将分集水器水平安装在图纸指定位置上，分水器在上，集水器在下，间距 200mm，集水器中心距地面高度不小于 300mm

安装在分集器上的地暖管需要保护，建议使用保护管和管卡

管材是地暖工程中的重中之重，目前用于地暖铺装的管材有好几种，常见的有 PEX、PERT、PB、铝塑管等

分集器结构示意

②边角保温板沿墙粘贴专用乳胶，要求粘贴平整，搭接严密。

③底层保温板缝处要用胶粘贴牢固，上面需铺设铝箔纸或粘一层带坐标分格线的复合镀铝

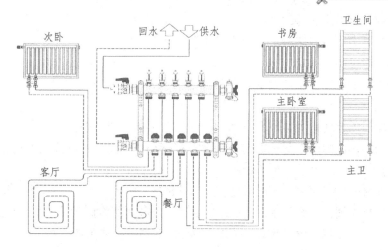

地暖工作示意

缝隙处需用专用乳胶粘牢

底层保温板

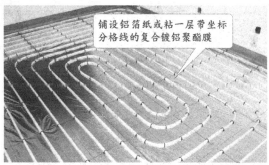

铺设铝箔纸或粘一层带坐标分格线的复合镀铝聚酯膜

上层铝箔纸

聚酯膜，铺设要平整。

④在铝箔纸上铺设一层 $\Phi2$ 钢丝网，间距 100mm×100mm，规格 2m×1m，铺设要严整严密，钢网间用扎带捆扎，不平或翘曲的部位用钢钉固定在楼板上。

⑤设置防水层的房间如卫生间、厨房等固定钢丝网时不允许打钉，管材或钢网翘曲时应采

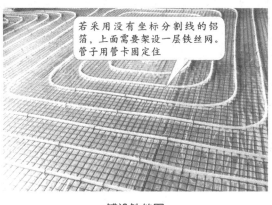

若采用没有坐标分割线的铝箔，上面需要架设一层铁丝网。管子用管卡固定住

铺设铁丝网

若采用干铺法，还可以用模块来固定地暖管

干铺模块

取措施防止管材露出混凝土表面。

⑥地暖管要用管卡固定在苯板上，固定点间距不大于500mm（按管长方向），大于90°的弯曲管段的两端和中点均应固定。

⑦地暖安装工程的施工长度超过6m，一定要留伸缩缝，防止在使用时，由于热胀冷缩从而导致地暖龟裂影响供暖效果。

⑧检查加热管有无损伤、间距是否符合设计要求后，进行水压试验。

⑨试验压力为工作压力的1.5～2倍，但不小于0.6MPa，稳压1h内压力降不大于0.05MPa，且不渗不漏为合格。

⑩地暖管验收合格后，回填细石混凝土，加热管保持不小于0.4MPa的压力；垫层用人工抹压密实，不得用机械振捣，不许踩压已铺设好的管道，垫层达到养护期后，方可泄压。

⑪地暖分水器进水处需装设过滤器，防止异物进入管道，水源用清洁水。

⑫抹水泥回填找平，做地面。

预留伸缩缝

抹水泥找平

地暖安装规范

①地暖系统安装前，必须保证整个房屋水电施工完毕且通过验收。

②已完成墙面粉刷，外窗、外门已安装完毕。

③保证施工区域平整清洁，没有影响施工进行的设备、材料、杂物。

④施工的环境温度条件不宜低于5℃。

⑤应避免与其他工种进行交叉作业，并且确保预留好后期需要的孔洞。

⑥加热管在运输、放置时，必须遮光包装，不得裸露散装，并保证移动时轻拿轻放。

⑦分水器、集水器上均要设置排气阀，避免冷热压差或补水等造成的气泡影响系统运行。

⑧分水器、集水器内径不应小于总供、回水管内径，且最大断面流速不宜大于0.8m/s。

⑨每个分水器、集水器分支环路不宜多于8个。

⑩分水器之前宜设置过滤器，可以放置杂志堵塞计量器和加热管。

⑪系统配件应采用耐腐蚀的材料。

第 7 章

手把手教你做电路

只要有功夫，"老虎"也听话。
画线开凿、走线布线、强弱电施工、
各种开关插座、灯具电器安装……
保证一看就懂！

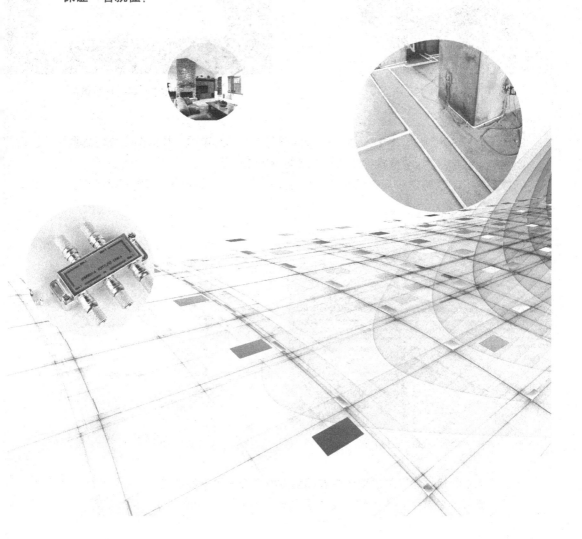

一、电路施工的要求与规范

家装电路施工要求与规范如下。

①使用电线、管道及配件等施工材料必须符合产品检验及安全标准。

②配电箱的尺寸，须根据实际所需空开而定。

③配电箱中必须设置总空开（两极）＋漏电保护器（所需位置为 4 个单片数），严格按图分设各路空开及布线，配电箱安装必须设置可靠的接地连接。

电料须为合格品

配电箱尺寸根据空开数量定

④施工前应确定开关、插座品牌，是否需要门铃及门灯电源，校对图纸跟现场是否相符。

⑤电器布线均采用 BV 单股铜线，接地线为 BBR 软铜线。

⑥线路穿 PVC 管暗敷设，布线走向为横平竖直，严格按图布线，管内不得有接头和扭结。

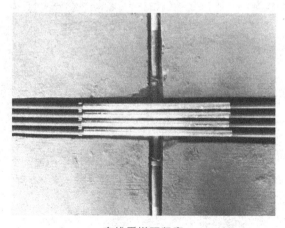
布线需横平竖直

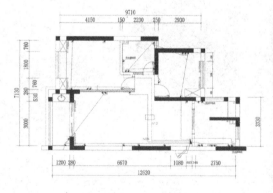
严格按图布线

⑦禁止电线直接埋入灰层，顶面或局部承重墙开槽深度不够前提下，可改用 BVV 护套线。

⑧管内导线的总截面积不得超过管内径截面积的 40%。同类照明的几个支路可穿入用一根

管内，但管内导线总数不得多于 8 根。

　　⑨电话线、电视线、电脑线的进户线不能移动或封闭，严禁弱电与强电走在同一根管道内。

　　⑩导线盒内预留导线长度应为 150mm，接线为相线进开关，零线进灯头；面对插座时为左零右相接地上。

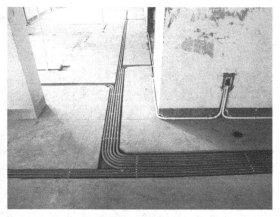

弱电、强电分管布线

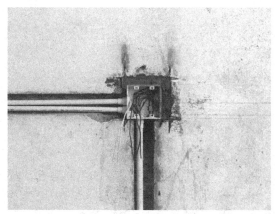

线盒内预留导线为 150mm

　　⑪电源线管应预先固定在墙体槽中，要保证套管表面凹进墙面 10mm 以上（墙上开槽深度 > 30mm）。

　　⑫ 所有入墙电线，均用 PVC 套管埋设，并用弯头、直节、接线盒等连接，不可将电源线裸露在吊顶上；禁止将导线直接用水泥抹入墙中，避免影响导线正常散热和绝缘层被碱化。

　　⑬线管与煤气管间距：同一平面不应小于 100mm；不同平面不应小于 50mm；电器插座开关与煤气管间距不小于 150mm。

　　⑭开关插座安装必须牢固、位置正确，紧贴墙面。开关、插座常规高度安装时必须以水平线为统一标准。

　　⑮地面没有封闭之前，必须保护好 PVC 套管，不允许有破裂损伤，铺地板砖时 PVC 套管应

入墙电线需用 PVC 管埋设

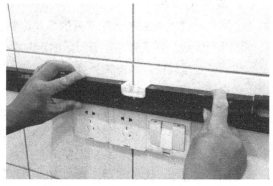

插座要牢固，多个应在同一水平上

被砂浆完全覆盖。钉木地板时，电源线应沿墙角铺设，以防止电源线被钉子损伤。

⑯经检验电源线连接合格后，应浇湿墙面，用1:2.5的水泥砂浆封槽，表面要平整，且低于墙面2mm。

⑰工程安装完毕应对所有灯具、电器、插座、开关、电表断通电试验检查，并在配电箱上准确标明其位置，并按顺序排列。

检验后用水泥砂浆封槽

配电箱中按顺序标明开关、插座位置

⑱绘好的照明、插座、弱电图、管道在工程结束后需要留档。

二、电路施工定位

1. 电路施工的流程

定位→画线→开槽→电线敷设→绝缘电阻测试→安装配电箱→安装灯具→调试系统。

2. 电路施工定位的作用

电路施工定位就是明确各种用电设备、设施（如洗衣机、电灯、电视机、冰箱、电话等）的数量、尺寸，安装位置，以免影响电路施工进度与今后的使用。

3. 定位的要求

①施工前需明确每个房间家具的摆放位置、开关插座的数量，以及是否需要每个卧室都接入网线及电视线，从而考虑布管引线的走向和分布。

②明确各空间的灯具开关类型，是单控、双控还是多控。

③顶面、墙面、柜内的灯具数量、类型及分布情况。

④用彩色粉笔在墙上做标记，要求清晰、醒目。

⑤标注的字体要避开开槽的地方，且标注的颜色要一致。

⑥要考虑有无特殊的电路施工要求。

⑦需要放在桌子上的电器，其插座的位置要将底座考虑进去，如电视柜。

⑧同一个屋子里面使用多个灯泡时，是否需要分组控制。

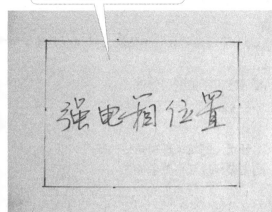

对强电箱进行定位。用彩笔标出位置，字迹要清晰、醒目

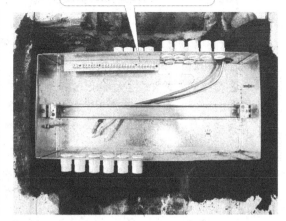

定位后根据画线位置进行开槽、布线及安装强电箱

定位实例示意

⑨如果床头采用台灯，考虑插座的位置是在床头柜上还是床头柜后面。

⑩空调定位时，需要考虑采用的插座是单相还是三相。

⑪定位热水器时，应清楚是燃气热水器、太阳能热水器还是电热水器。

⑫厨房的插座定位时，需要了解橱柜的结构。

⑬整体浴室的定位，应结合所使用产品的说明和要求完成。

⑭如果使用音响，需要明确其类型、安装方式、方位，需要自己布线还是厂家布线。

⑮若安装电话，需要明确是否安装子母机。

三、电路施工画线与开槽

1. 画线的方法

①画线是为了确定电线布线的线路走向、中端插座、开关面板的位置，在墙面、地面标示出其明确的位置和尺寸，以便于后期开槽、布线。

②盒、箱位置画线可以用小线、水平尺测出盒、箱的准确位置并标出尺寸。

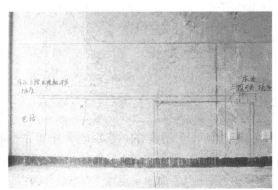

画线实例示意

③灯的位置主要是标出灯头盒的准确位置及尺寸。

④具体画线的方法可参考水路施工的画线方法。

2. 开槽注意事项

①墙面开槽可分为砖墙开槽、混凝土墙开槽以及不开槽走明线几种情况，具体根据建筑采用的材料而决定，采用何种开槽机刀片。

②开槽要求位置要准确，深度要按照管线的规格确定，不能开得过深。

③暗敷设的管路保护层要大于15mm，导管弯曲半径必须大于导管直径6倍。

④开槽的深度应保持一致，一般来说，是PVC管的直径+10mm。

⑤如果插座在靠近顶面的部分，在墙面垂直向上开槽，到墙顶部顶角线的安装线内。

⑥如果插座在墙面的下部分，垂直向下开槽，到安装踢脚板位置的底部。

⑦根据画线的走向和位置用开槽机进行开槽。

根据画线用开槽机开槽

四、插座、开关位置与高度

1. 开关的位置

一般开关多用右手多于左手。所以，一般家里的开关多数是装在进门的左侧，这样方便进门后用右手开启。

2. 插座、开关的高度

①开关离地面一般在120～140cm之间，一般情况下是和成人的肩膀一样高。

②视听设备、台灯、接线板等墙上插座一般距地面30cm（客厅插座根据电视柜和沙发而定）。

③电视插座在电视柜下面的20～25cm，在电视柜上面的450～600mm，在挂电视中的1100mm。

④空调、排气扇等的插座距地面为180～200cm。

⑤冰箱插座适宜放在冰箱两侧，高插距地130cm、低插距地50cm。

⑥厨房所有台面插座距地125～130cm，一般安装四个。

⑦脱排插座离地高度为210cm左右。

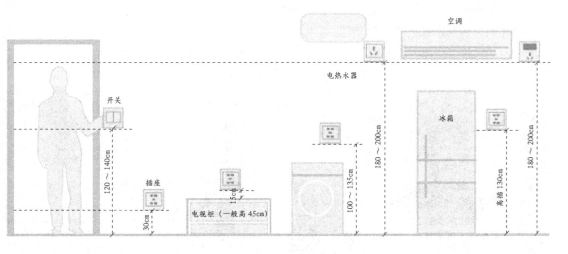

开关、插座高度示意

⑧挂式消毒柜的插座离地 190cm 左右。

⑨暗藏式消毒碗柜的插座高度为离地 30 ~ 40cm。

⑩吸油烟机插座高度一般为离地 200cm。

⑪燃气热水器插座一般距地高 180 ~ 230cm，左右取燃气灶的中间 25cm，要离开抽烟道。

⑫烤箱一般放在煤气灶下面，插座距地面 50cm 左右。

⑬洗衣机的插座距地面 100 ~ 135cm，马桶后插座 35mm。

⑭弱电插座一般为离地 30cm 左右。

⑮卫生间插座高度一般为离地 140cm 左右。

⑯卫生间热水器插座高度一般为离地 180 ~ 200cm。

⑰床头插座与双控持平，离地 70 ~ 80cm。

⑱电脑和其他桌面上的插座为离地 110cm 左右。

五、教你布管与连线

1. 电路布管要求

①按合理的布局要求布管，暗埋导管外壁距墙表面不得小于 3mm。

② PVC 管弯曲时必须使用弯管弹簧，弯管后将弹簧拉出，弯曲半径不宜过小，在管中部弯曲时，将弹簧两端拴上铁丝，便于拉动。

③导管与线盒、线槽、箱体连接时，管口必须光滑，线盒外侧应该套锁母，内侧应装护口。

④敷设导管时，直管段超过 30m、含有一个弯头的管段每超过 20m、含有两个弯头的超

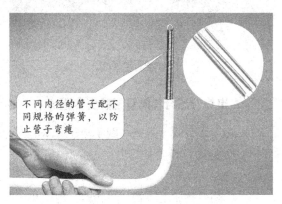

不同内径的管子配不同规格的弹簧，以防止管子弯瘪

布管示意（一）

过 15m、含有 3 个弯头的超过 8m 时，应加装线盒。

⑤采用金属导管时，应设置接地。

⑥为了保证不因为导管弯曲半径过小，而导致拉线困难，故导管弯曲半径尽可能放大。

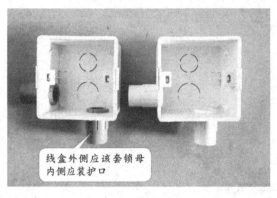

线盒外侧应该套锁母
内侧应装护口

布管示意（二）

管弯曲时半径不能小
于管径的 6 倍

布管示意（三）

⑦布管排列横平竖直，多管并列敷设的明管，管与管之间不得出现间隙，拐弯处也同样。

⑧地面采用明管敷设时，应加固定卡，卡距不超过 1m。需注意在预埋地热管线的区域内严禁打眼固定。

⑨在水平方向敷设的多管（管径不一样的）并设线路，一般要求小规格线管靠左，依次排列，以每根管都平服为标准。

布管排列需横平竖直

布管示意（四）

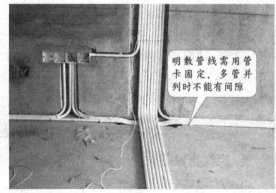

明敷管线需用管卡固定，多管并列时不能有间隙

布管示意（五）

电线管道与功能管道的安全距离

①距燃气管：平行净距不小于 0.3m，交叉净距不小于 0.2m。

②距热力管：有保温层，平行净距不小于 0.5m，交叉净距不小于 0.3m；无保温层，平行净距不小于 0.5m，交叉净距不小于 0.5m。

③距电气线缆导管：平行敷设时不小于 0.3m，交叉时保持垂直交叉。

2.PVC 管的弯管方法

PVC 管弯管可采用冷煨法和热煨法。

①冷煨法（管径在 25mm 及其以下使用）。

断管——小管径可使用剪管器，大管径可使用钢锯断管，断口应锉平，铣光。

煨弯——将弯管弹簧插入 PVC 管内需要煨弯处，两手抓牢管子两头，顶在膝盖上用手扳，逐步煨出所需弯度，然后，抽出弯簧。使用手扳弯管器煨弯，将管子插入配套的弯管器，手扳一次煨出所需弯度。

②热煨法（管径在 25mm 以上使用）。用电炉子、热风机等将管加热均匀，烘烤管子煨弯处，待管子被加热到可随意弯曲时，立即将管子放在木板上，固定管子一头，逐步煨出所需管弯度，并用湿布抹擦使弯曲部位冷却定型，然后抽出弯簧。

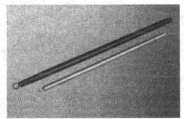

弯管所需工具

3.PVC 电线管路的连接方法

①连接可以用小刷子粘上配套的塑料管黏结剂，均匀地涂抹在管子的外壁上，然后将管体插入套箍，到达合适的位置。操作时，需要注意黏结剂连接后 1min 内不要移动，牢固后才能移动。

②管路呈垂直或水平敷设时，每间隔 1m 距离时应设置一个固定点。

③管路弯曲时，应在圆弧的两端 300 ~ 500mm 处加固定点。

④管路进盒、进箱时，一孔穿一管。先接端部接头，然后用内锁母固定在盒、箱上，再在孔上用顶帽型护口堵好管口，最后用泡沫塑料块堵好盒口。

管路连接应使用套箍连接，用专用黏结剂连接

水平敷设应每隔一米设置一个固定点，可用管卡

PVC 线管连接示意

六、教你走线与连线

走线的要求与规范如下。

①强电与弱电交叉时，强电在上，弱电在下，横平竖直。

②一般情况下，照明用1.5mm² 电线，空调挂机及插座用2.5mm² 电线，空调柜机用4mm² 电线，进户线为10mm² 电线。

③电线颜色应正确选择，三线制必须用三种不同颜色的电线。一般红、黄、蓝三色为相线色标。绿色、白色为中性线色标，黑色、黄绿彩线为接地色标。

走线与连线示意（一）

黄色为相线
绿色为中性线
红色为相线
蓝色为相线

走线与连线示意（二）

④同一回路电线需要穿入同一根线管中，但管内总电线数量不宜超过8根，一般情况下Φ16 的电线管不宜超过3 根电线，Φ20 的电线管不宜超过4 根电线。

⑤电线总截面面积（包括外皮），不应超过管内截面面积的40%。

⑥强电与弱电不应穿入同一根管线内。

⑦电源线插座与电视线插座的水平间距应不小于 50mm。

Φ16 的电线管不宜超过3 根电线

走线与连线示意（三）

电源插座与电视插座距离不宜小于 50mm

走线与连线示意（四）

⑧穿入管内的导线接头应设在接线盒中，线头要留有150mm的余量，接头搭接要牢固，用绝缘带包缠，要均匀紧密。

⑨接电源插座的连线时，面向插座的左侧应接中性线，右侧应接相线，中间上方应接接地线。

⑩所有导线安装必须穿入相应的PVC管中，且在管内的线不能有接头。

⑪空调、浴霸、电热水器、冰箱的线路需从强电箱中单独引放到位置上。

⑫所有预埋导线留在接线盒中的长度为20cm。

⑬在所有导线分布到位后，确认无误后可通电测试。

※ 注：家装中走线可以线管敷设完成后统一穿线，也可以一边埋管一边穿线。

管内穿线的方法

①线管内事先穿入引线，之后将待装电线引入线管之中。

②引线采用直径1.2mm(18号)或1.6mm(16号)的钢丝，将端头弯成小钩插入管口，边转边穿。若弯管处不易穿引，可采取两头对穿的方法（一人转动一根钢丝，感觉两钢丝相碰时则反向转动，待绞合在一起，则一拉一送，即可穿过）。

③利用引线可将穿入管中的导线带出，若管中的导线数量为2～5根，应一次穿入。

七、教你连接进户线

进户线的连接步骤如下。

由室外电缆到室内电度表盘之间的一段线路称为进户线，又叫表外线。

安装进户线时，要合理选择进户点，使其尽量接近供电线路，且位置应明显、便于维护和检修。

进户线的长度不应超过15m，中间不应有接头。

计费方式不同的进户线不应穿入同一根管内，当电度表装有互感器时，也可在互感器外套接。

进户线穿墙时，应套上保护套管（瓷管、硬塑料管等），并应防止相间短路或对地短路；绝缘套管露出墙外部分不应小于10mm，其外端应有防水弯头；进户线与接户线连接时，多股线应做成"倒人字"接法。

※ 注：连接进户线应有专业电工操作，不应由家装电工操作。

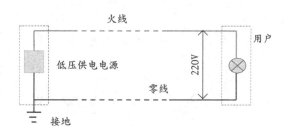

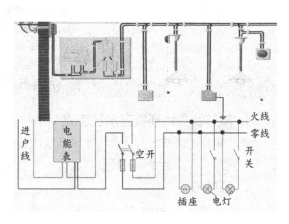

进户线连接示意

八、教你剥除导线绝缘层

线芯大于等于 4mm² 的塑铜线绝缘层可以用美工刀或者电工刀来剥除。

线芯在 6mm² 的塑铜线绝缘层可以用剥线钳来剥除。

剥除导线绝缘层时首先根据所需的端头长度，用刀具以 45° 左右的角度倾斜切入绝缘层，

美工刀

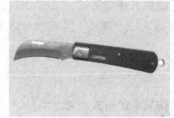
电工刀

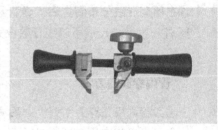
剥线钳

然后用左手拇指推动刀具的外壳，即美工刀以 15° 左右的角度均匀用力向端头推进，一直推到末端。除了这个方式以外，可以用左手大拇指按住已经翘起的那部分，这样可以让余下的部分顺利地切除下来；再削去一部分塑料层，并把剩余的部分下翻；最后用刀具将下翻的部分连根切除，露出线芯。

握刀姿势

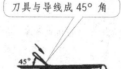
刀具与导线成 45° 角

以 15° 角推动

在根部切除

单芯导线剥除绝缘层示意

九、教你连接单芯铜导线

1. 单芯铜导线连接方法及步骤

单芯铜导线的连接方法有绞接法及缠绕卷法。

步骤为：剥除绝缘层→导线芯连接→恢复绝缘层。

2. 绞接法

此方法适用于 4mm² 及以下的单芯连接。操作时将两线互相交叉，用双手同时把两芯线互绞 3 圈后，将两个线芯在另一个芯线的上缠绕 5 圈，剪掉余头，压紧导线。

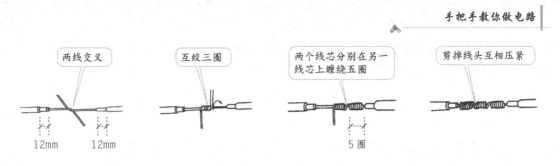

绞接法示意

3. 缠绕卷法

此种方法又可分为直接连接法和分支连接法两种，适用于6mm² 及以上单芯线的直线连接。

(1) 直接连接法

将要连接的两根导线接头对接，中间填入一根同直径的芯线，然后用绑线（直径为1.6mm² 左右的裸铜线）在并合部位中间向两端缠绕，其长度为导线直径的10倍，然后将添加芯线的两端折回，将铜线两段继续向外单独缠绕5圈，将余线剪掉。

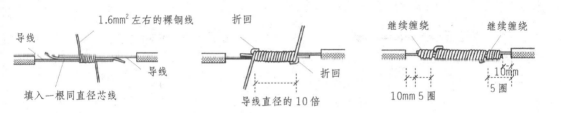

直接连接法示意（同芯）

当连接的两根导线直径不相同时，先将细导线的线芯在粗导线的线芯上缠绕5～6圈，然后将粗导线的线芯的线头回折，压在缠绕层上，再用细导线的线芯在上面继续缠绕3～4圈，剪去多余线头即可。

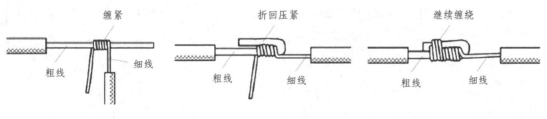

直接连接法示意（异芯）

(2) 分支连接法

分支连接法可分为T字和十字两种连接方式。

T字连接法：先将支路芯线的线头在干路芯线上打一个环绕结，再紧密缠绕5～8圈后剪去多余线头即可（适用于截面面积小于4mm² 及以下的导线）。

将支路芯线的线头紧密缠绕在干路芯线上 5 ～ 8 圈后，步骤同直接连接法相同，最后剪去多余线头即可（适用于截面面积小于 $6mm^2$ 及以上的导线）。

T 字连接法示意

十字连接法：将上下支路的线芯缠绕在干路芯线上 5 ～ 8 圈后剪去多余线头即可。支路线芯可以向一个方向缠绕也可向两个方向缠绕。

十字连接法示意

十、教你制作单芯铜导线的接线圈

1. 接线圈的作用

采用平压式接线桩方法时，需要用螺钉加垫圈将线头压紧完成电连接。家装用的单芯铜导线相对而言载流量小，有的需要将线头做成线圈。

2. 接线圈的制作方法

将绝缘层剥除，距离绝缘层根部 3mm 处向外侧折角，然后按照略大于螺丝钉直径的长度弯曲圆弧，再将多余的线芯减掉，修正圆弧即可。

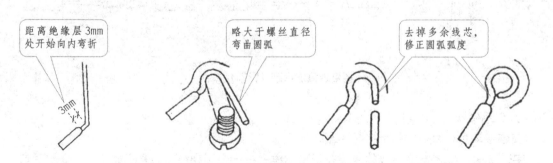

单芯导线线圈制作示意

十一、教你连接单芯铜导线盒内封端

单芯铜导线盒内封端连接方法如下。

①剥除需要连接的导线的绝缘层。

②将连接段并合，在距离绝缘层大于 15mm 的地方绞缠两圈。

③剩余的长度根据实际需要减掉一些，然后把剩下的线折回压紧即可。

剥除导线绝缘层

距离绝缘层 15mm 处绞缠

去掉多余部分，折回压紧

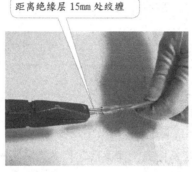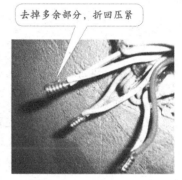

单芯铜导线盒内封端示意

十二、教你连接多股铜导线

多股铜导线连接最常用的方法有单卷接线法及缠绕卷法。无论哪一种连接方式，都须要把多股导线顺次解开成 30° 伞状，用钳子逐个把每一股电线芯拉直，并用砂布将导线表面擦干净。

1. 单卷接线法

(1) 直接连接

①把多股导线线芯顺次解开，并剪去中心一股，再将各张开的线端相互插嵌，插到每股线的中心完全接触。

②把张开的各线端合拢，取任意两股同时缠绕 5～6 圈后，另换两股缠绕，把原有两股压在里挡或把余线割掉，再缠至 5～6 圈后，采用同样方法，调换两股缠绕。

③依此类推，缠到边线的解开点为止，选择两股缠线互相扭绞 3～4 转，余线剪掉，余留部分用钳子敲平，使其各线紧密，再用同样方法连接另一端。

剪去中线一股，线段互相插嵌

任意两股同时缠绕 5～6 圈，后更换两股重复缠绕

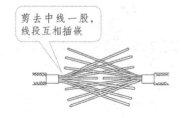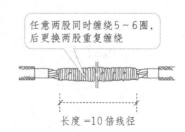

长度 =10 倍线径

直接连接示意

（2）分支连接

①先将分支线端解开，拉直擦净分为两股，各曲折 90°，附在干线上。

②一边用另备的短线作临时绑扎，另一边在各单线线端中任意取出一股，用钳子在干线上紧密缠绕 5 圈，余线压在里挡或割去。

③调换一根，用同样方法缠绕 3 圈，依此类推，缠至距离干线绝缘层 15mm 处为止，再用同样方法缠另一端。

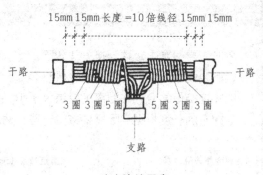

分支连接示意

2. 缠绕卷法

（1）直接连接

①将剥去绝缘层的导线拉直，在其靠近绝缘层的一端约 1/3 处绞合拧紧，将剩余 2/3 的线芯摆成伞状，另一根需连接的导线也如此处理。

②接着将两部分伞状对着互相插入，捏平线芯，然后将每一边的线芯分成三组，现将一边的第一组线头翘起并紧密缠绕在芯线上。

③再将第二组线头翘起，缠绕在芯线上，依次操作第三组。

④以同样的方式缠绕另一边的线头，之后剪去多余线头，并将连接处敲紧。

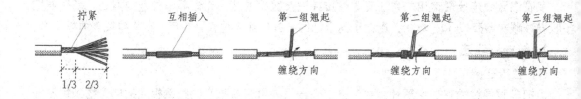

直接连接示意

（2）分支连接

多股铜导线的 T 字分支连接有两种方法，一种方法将支路芯线 90° 折弯后与干路芯线并行，然后将线头折回并紧密缠绕在芯线上即可。

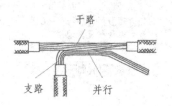

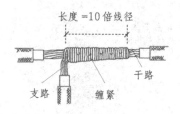

T 字分支连接示意（一）

另一种方法将支路芯线靠近绝缘层的约 1/8 芯线绞合拧紧，其余 7/8 芯线分为两组，一组插入干路芯线当中，另一组放在干路芯线前面，并朝右边方向缠绕 4 ~ 5 圈。再将插入干路芯线当中的那一组朝左边方向缠绕 4 ~ 5 圈，连接好导线。

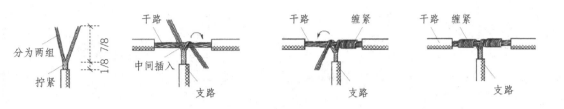

T 字分支连接示意（二）

(3) 单股导线与多股导线的连接

先将多股导线的线芯拧成一股，再将它紧密的缠绕在单股导线的线芯上，缠绕 5 ~ 8 圈，最后将单芯导线的线头部分向后折回即可。

单股导线与多股导线连接示意

(4) 同一方向的导线连接

①连接同一方向的单股导线，可以将其中一根导线的线芯紧密的缠绕在其他导线的线芯上，再将其他导线的线芯头部回折压紧即可。

同一方向单股导线连接示意

②连接同一方向的多股导线，可以将两根导线的线芯交叉，然后绞合拧紧。

③连接同一方向的单股和多股导线，可以将多股导线的线芯紧密的缠绕在单股导线上，再将单股导线的端头部分折回压紧即可。

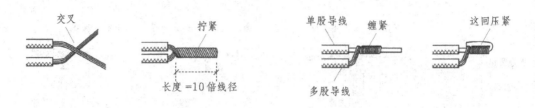

同一方向多股导线连接示意   同一方向单股和多股导线连接示意

(5) 多芯或多芯电缆的连接

连接双芯护套线、三芯护套线及多芯电缆时可使用绞接法，应注意将各芯的连接点错开，可以防止短路或漏电。

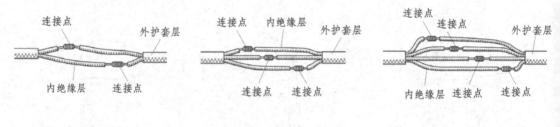

双芯护套线连接示意   三芯护套线连接示意   四芯护套线连接示意

十三、教你装接导线出线端子

导线两端与电器设备的连接叫做导线出线端子装接。导线出线端子的装接方法如下。

①针孔式接线桩头装接：将导线线头插入针孔，旋紧螺钉即可。

②针孔式接线桩头装接（细导线）：将导线头部向回弯折成两根，再插入针孔，旋紧螺钉即可。

③ 10mm^2 单股导线装接：一般采用直接，将导线端部弯成圆圈（具体做法见本章"十、教你制作单芯铜导线的接线圈"相关内容），将完成圈的线圈压在螺钉的垫圈下，拧紧螺钉即可。

④软线的装接：将软线绕螺钉一周后再自绕一圈，再将线头压入螺钉的垫圈下，拧紧螺钉。

⑤多股导线装接：横截面不超过 10mm^2、股数为 7 股及以下的多股芯线，应将线头做成线圈，后压在螺钉的垫圈下，拧紧螺钉。

⑥ 10mm^2 以上的多股铜线或铝线的装接：铜接线端子装接，可采用锡焊或压接，铝接线端子装接一般采用冷压接。

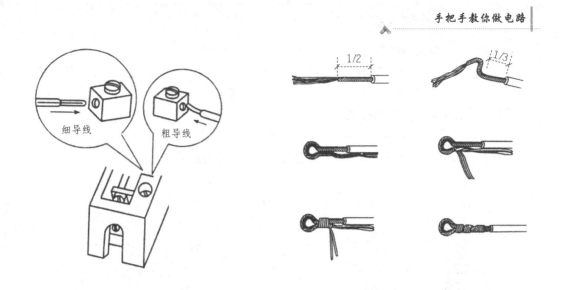

针孔式接线桩头装接示意   7股及以下多股线芯线圈制作示意

十四、教你导线绝缘的恢复

　　导线连接时会去除绝缘层，完成后须对所有绝缘层已被去除的部位进行绝缘处理。通常采用绝缘胶带进行缠裹包扎。一般220V用黄蜡带、黑胶布带，或塑料胶带；在潮湿场所应使用聚氯乙烯绝缘胶带或涤纶绝缘胶带。

(1) 一字形导线接头的绝缘处理

　　先包缠一层黄蜡带，再包缠一层黑胶布带。

　　将黄蜡带从接头左边绝缘完好的绝缘层上开始包缠，包缠两圈后进入剥除了绝缘层的芯线部分包缠时黄蜡带应与导线成55°左右倾斜角，每圈压叠带宽的1/2，直至包缠到接头右边两圈距离的完好绝缘层处。然后将黑胶布带接在黄蜡带的尾端，按另一斜叠方向从右向左包缠，仍每圈压叠带宽的1/2，直至将黄蜡带完全包缠住。

　　※ 注：应用力拉紧胶带，不可稀疏，不能露出芯线，以确保绝缘质量和用电安全。

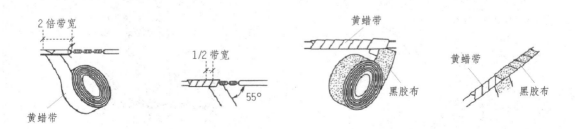

一字形导线接头绝缘处理示意

（2）T字分支接头的绝缘处理

导线分支接头的绝缘处理基本方法同上，T字分支接头的包缠方向，走一个T字形的来回，使每根导线上都包缠两层绝缘胶带，每根导线都应包缠到完好绝缘层的两倍胶带宽度处。

（3）十字分支接头的绝缘处理

对导线的十字分支接头进行绝缘处理时，走一个十字形的来回，使每根导线上都包缠两层绝缘胶带，每根导线也都应包缠到完好绝缘层的两倍胶带宽度处。

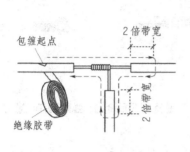

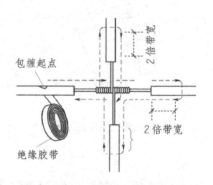

T字形导线接头绝缘处理示意　　　　　　十字形导线接头绝缘处理示意

十五、教你稳埋盒、箱

根据设计图规定的盒、箱预留具体位置，弹出水平、垂直线，利用电锤、錾子剔洞，洞口要比盒、箱的尺寸稍大一些。

洞剔好后，把杂物清理干净，浇水把洞淋湿，再根据管路的走向，敲掉盒子上相应方向的孔，用高强度的水泥砂浆填入洞口，将盒、箱稳住，位置要端正，水泥砂浆凝固后，再接管路进盒、箱内。

※注：盒、箱的连接管要预留300mm的长度，以进入盒、箱中。

根据设计的位置弹线

用工具剔出洞，尺寸比开关盒稍大

将洞内的杂物清理
干净

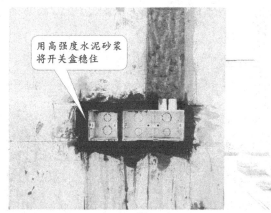

用高强度水泥砂浆
将开关盒稳住

开关盒稳埋示例

插座盒稳埋示意

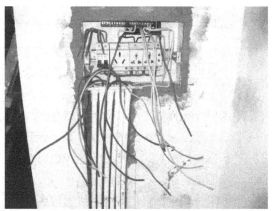

强电箱稳埋示意

稳埋盒箱的要求

①盒、箱固定应平正牢固。

②发浆饱满，收口平整。

③纵横坐标准确，符合设计图和施工验收规范规定。

十六、教你连接开关、插座、底盒

1. 开关、插座、底盒连接操作

工艺流程：预埋→敷设线路→清理→接线→检测→安装面板。

①预埋。按照稳埋盒箱的正确方式将线盒预埋到位。

②敷设线路。管线按照布管与走线的正确方式敷设到位。

③清理。用錾子轻轻地将盒内残存的灰块剔掉，同时将其他杂物一并清出盒外，再用湿布将盒内灰尘擦净。如导线上有污物也应一起清理干净。

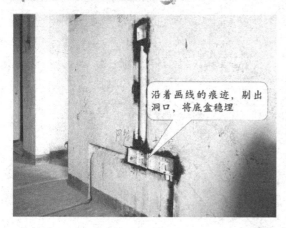

沿着画线的痕迹，剔出洞口，将底盒稳埋

底盒埋好后，敷设管路，并在管路中穿好线路

预埋、敷设线路

开关、插座、底盒的连接规范

①线盒预埋尺寸应正确，不宜太深或高低不一。

②盒内应清理干净，不应留有水泥砂浆等杂物。

③一个底盒内不应装太多电线，会影响安装和使用安全。

④强、弱电线不能共用一个底盒。

⑤电线应按照相应的相线将颜色分开。

⑥底盒内的封端连接要用绝缘胶布包扎起来。

⑦明盒、暗盒不能混装。

⑧电线管应插入底盒内，线管与底盒之间应用锁扣连接。

⑨底盒穿入的每根电线管内的电线数量不宜超过 3 根。

④接线。先将盒内甩出的导线留出 15 ~ 20cm 左右的维修长度，削去绝缘层，注意不要碰伤线芯，如开关、插座内为接线柱，将导线按顺时针方向盘绕在开关、插座对应的接线柱上，然后旋紧压头。

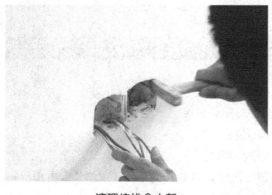

清理接线盒内部

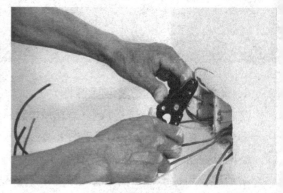

剥除导线绝缘层

如开关、插座内为插接端子，将线芯折回头插入圆孔接线端子内（孔径允许压双线时），再用顶丝将其压紧，注意线芯不得外露。

※ 注：为了保证安全和使用功能，在配电回路中的各种导线连接，均不得在开关、插座的端子处以套接压线方式连接其他支路。

2. 开关的安装

电器、灯的相线应经开关控制。接线时，应将盒内导线理顺，依次接线后，将盒内导线盘成圆圈，放置于开关盒内。

在接好电源线后，将开关插座放置到安装位置，用水平尺找正，然后用螺丝钉固定，最后盖上装饰面板。

按照底盒的位置将面板堆砌，固定螺丝

螺丝固定到位后，将最后的零件扣上

开关面板安装示意

3. 开关的安装要求

①安装在同一房间中的开关，宜采用同一系列的产品，且翘板开关的开、关方向应一致。

②同一室内中开关、插座的水平位置应一致。

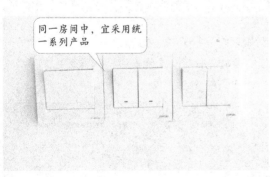

同一房间中，宜采用统一系列产品

同一室内的开关、插座，水平高度应一致

开关安装要求示意

③一般住宅不得采用软线引到床边的床头开关上。

④接线时，应将线盒内的导线捋顺，依次接线后，将盒内的导线盘成圆圈，放在开关盒中。

⑤窗上方、吊柜上方、管道背后、单扇门后均不应安装控制灯具的开关。

⑥多尘潮湿的场所应选择防水瓷质拉线开关或加装防水盖。

开关的位置

开关的位置应与灯位相对应，便于操作，开关边缘距门框的距离为 0.15 ~ 0.2m；若无特殊要求，开关下底距地面高度为 1.3m；拉线开关距地面高度为 2 ~ 3m，且拉线出口应垂直向下。

十七、教你检测开关面板

检测开关面板的操作要点如下。

检测开关面板需要用万用表（具体使用方法可参照本书第 2 章"电工必备万能表"相关内容）。

检测要点如下。

①电阻检测。用万用表电阻挡检测开关面板接线端的相线端头、中性线端头通断功能是否正常。开关关闭时电阻应显示为 0，打开时，显示为 ∞，如果恒显示 0 或者 ∞ 说明连接异常。

②手感检测。开关手感应轻巧、柔和没有滞涩感，声音清脆，打开、关闭应一次到位。

③外表检测。面板表面应完好，没有任何破损、残缺，没有气泡、飞边以及变形、划伤。

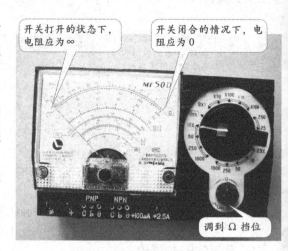

开关打开的状态下，电阻应为 ∞

开关闭合的情况下，电阻应为 0

调到 Ω 挡位

万用表检测电阻

十八、教你安装特殊开关面板

特殊开关经常出现在一些智能化的家居中，例如智能遥控开关、触摸开关、双线制调光开关等，不同的开关具有不同的特点。安装前需仔细阅读说明书，以正确安装。

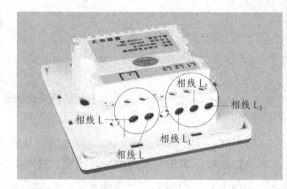

相线 L_2

相线 L_3

相线 L

相线 L_1

相线 L

遥控开关安装示意

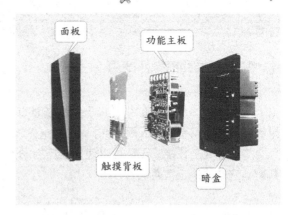

面板

功能主板

触摸背板

暗盒

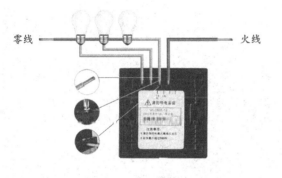

零线

火线

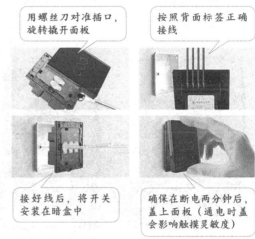

用螺丝刀对准插口，旋转撬开面板

按照背面标签正确接线

接好线后，将开关安装在暗盒中

确保在断电两分钟后，盖上面板（通电时盖会影响触摸灵敏度）

触摸开关安装示意

十九、教你安装拉线开关

拉线开关是通过一根绝缘线来控制电灯的，拉动绝缘线就可使开关接通或断开电，很安全。拉线开关的安装高度应不小于1.8m，以圆木或人字木做底座。

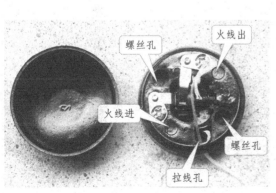

螺丝孔

火线出

火线进

螺丝孔

拉线孔

火线出

火线进

拉线孔

螺丝孔

拉线开关接线示意

二十、教你检测和安装插座

1. 检测插座的操作要点

检测方式如下。

①电阻检测。插座的相线、中性线、地线之间正常均不通，即万用表检测时显示为∞，如果出现短路，则不能够安装。

②而检验是否接线正确可以使用插座检测仪，通过观察验电器上N、PE、L三盏灯的亮灯情况，判断插座是否能正常通电。

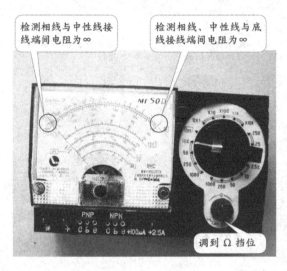

检测相线与中性线接线端间电阻为∞

检测相线、中性线与底线接线端间电阻为∞

将插座检测仪插入插座中，根据显示灯的情况判定是否正常

调到Ω挡位

万用表检测电阻　　　　　　　　检测仪检测通电

2. 安装插座

单相两孔插座有横装和竖装两种装法。横装时，面对插座的右极接相线，左极接零线。竖装时，面对插座的上极接相线，下极接零线。单相三孔及三相四孔的接地或接零线均应在上方。

面板安装示意

插座面板的接线要求为"左零右火"，L 接相线（火线），N 接中性线（零线）。

 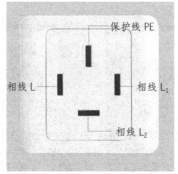 

插座相线连接示意

3. 插座的安全要求

①插座的安装高度应符合设计的规定。

②同一室内的强、弱电插座面板应在同一水平高度上，高度差应小于5mm，间距应大于50mm。

③为了避免交流电源对电视信号的干扰，电视线线管、插座与交流电源线管、插座之间应有50mm以上的距离。

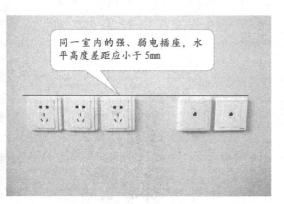 

插座安装要求示意（一）

④同一室内的三相插座，接线顺序要一致。

⑤安装的插座面板应紧贴墙面，四周没有缝隙，安装牢固，表面光滑整洁，没有裂痕、划伤，装饰帽齐全。

⑥一般情况下，底线（PE）或保护中性线（PEN）在插座间不能有串联。

⑦当插座上方有暖气管时，其间距应大于200mm，下方有暖气管时，其间距应大于300mm。

⑧在潮湿场所，应采用密封良好的防水防溅插座，高度不能低于1500mm。

⑨儿童房不采用安全插座时，插座的安装高度不应低于1800mm。

⑩落地插座应具有牢固可靠的保护盖板。

⑪落地插座面板与地面齐平或紧贴地面，面板安装牢固、密封性好。

面板应紧贴墙面，安装牢固、表面光洁无损伤、划痕

落地插座面板应紧贴地面，面板安装牢固

插座安装要求示意（二）

二十一、教你在插座面板上实现开关控制插座

有一些插座的面板上同时带有开关，可以通过开关来控制插座电路的通断，使用起来更方便，可以避免经常拔插插头。例如洗衣机插座，采用此种类型，不使用时可以直接关闭开关来断电，不需要拔下插头。但面板上的插座和开关是独立的，为了实现用开关够控制插座，需要连接。

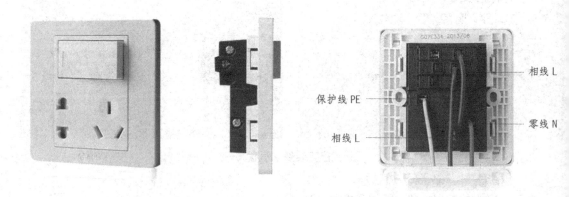

保护线 PE
相线 L
相线 L
零线 N

开关控制插座接线示意

二十二、你应该知道的管路敷设及盒箱安装允许偏差

管路敷设及盒箱安装允许偏差值见下表。

管路敷设及盒箱安装允许偏差

项目		允许偏差	检验方法
管路最小弯曲半径		≥ 6D （D 为管外径）	尺量及检查安装记录
弯扁度		≤ 0.1D （D 为管外径）	观察
箱垂直度	高 500mm 以下	1.5mm	吊线、尺量检查
	高 500mm 以上	3mm	
箱高度		5mm	尺量
盒垂直度		1mm	吊线、尺量
盒高度	并列安装高度	0.5mm	尺量
	同一场所高差	5mm	
盒、箱凹进墙面深度		10mm	

二十三、了解和安装强电配电箱

1. 了解强电配电箱

　　强电配电箱按照安装的方式可分为明装箱和暗装箱两种，按照线路敷设方式选择相应的款式即可。

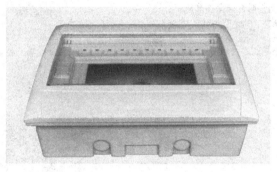
明装箱

暗装箱

强电配电箱的挑选要点如下。

①根据家中控制回路空开的数量选择配电箱的尺寸。

②宜选择金属材料的箱体。

③安装导轨采用标准 35mm 导轨，材料要坚固耐用。

④零线排、接地排采用铜合金材料，不易腐蚀生锈。

⑤连接螺丝不易打毛，不易腐蚀生锈，通电测试不易发黑。

⑥外壳可以选用塑料或金属盖，开门方便，材料不易破损，固定件可靠牢固。

2. 强电配电箱的设置要求

①配电箱内应设置动作电流保护器（30mA），分为几路经过控制开关，分别控制照明回路、插座回路，如果面积较大，还需要细分。

②如果有特殊需要，还可以将卫生间和厨房设置成单独的回路控制。

③如果有独立的儿童房，可以将其回路单独控制，平时将插座回路关闭，保证安全。

④配电箱的总开关若使用不带漏电保护功能的开关，就要选择能够同时分断相线、中性线的 2P 开关，且如果夏天要使用空调之类制冷设备时，宜选择大一些的。

⑤卫生间、厨房等潮湿的空间，开关一定要选择带有漏电保护的。

⑥控制开关的工作电流应与所控制回路的最大工作电流相匹配，一般情况下，照明 10A，插座 16 ~ 20A，1.5P 的壁挂空调为 20A，3 ~ 5P 的柜机空调 25 ~ 32A，10P 中央空调独立 2P 的 40A，卫生间、厨房 25A，近乎 2P 的 40 ~ 63A。

3. 断路器的挑选

断路器手感应沉重，开关开合没有滞涩感，开关有明显的开合标志；连接螺丝不易打毛、不易腐蚀生锈，接线紧固后不易松动的断路器才是质量上乘的产品。

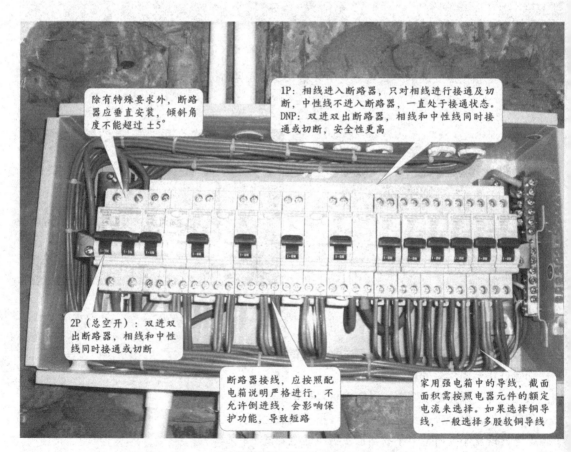

除有特殊要求外，断路器应垂直安装，倾斜角度不能超过 ±5°

1P：相线进入断路器，只对相线进行接通及切断，中性线不进入断路器，一直处于接通状态。
DNP：双进双出断路器，相线和中性线同时接通或切断，安全性更高

2P（总空开）：双进双出断路器，相线和中性线同时接通或切断

断路器接线，应按照配电箱说明严格进行，不允许倒进线，会影响保护功能，导致短路

家用强电箱中的导线，截面面积需按照电器元件的额定电流来选择。如果选择铜导线，一般选择多股软铜导线

强电箱断路器连接与连线示意

4.强电配电箱的安装

安装步骤：定位画线→剔洞→埋箱→敷设管线→安装断路器→接线→检测→封盖。

①根据预装高度与宽度定位画线。

②用工具剔出洞口，敷设管线。

画线

剔洞、敷设管线

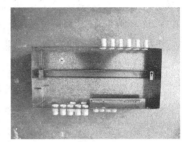
选好箱体

③将强电箱箱体放入预埋的洞口中稳埋。

④将线路引进电箱内。

⑤安装断路器、接线。

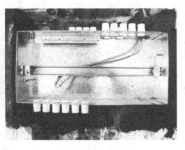
稳埋强电箱

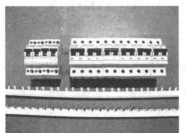
安装断路器

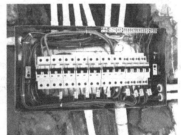
接线

⑥检测电路，安装面板，并标明每个回路的名称。

检测电路

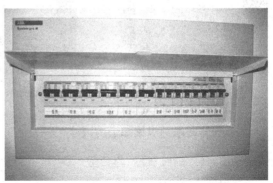
安装面板、标明回路

二十四、了解和安装弱电配电箱

1. 了解弱电配电箱

家居弱电箱又可称为多媒体信息箱，它的功能是将电话线、电视线、宽带线集中在一起，然后统一分配，提供高效的信息交换与分配。

弱电箱中应设有电话分支、电脑路由器、电视分支器、电源插座、安防接线模块等。不同品牌的弱电箱构造会存在一些差异，可以根据需求进行具体的挑选。

2. 弱电配电箱的安装

安装步骤：画线→剔洞→埋箱→敷设管线→压制插头→埋线、测试→安装模块条→安装面板。

①根据预装高度与宽度定位画线。

②用工具剔出洞口、埋箱、敷设管线。

画线

剔洞、敷设管线

选好箱体

③根据线路的不同用处压制相应的插头。

④测试线路是否畅通。

⑤安装模块条、安装面板。

稳埋弱电箱

压制插头、测试线路

安装模块及面板

安装弱电箱应该知道的尺寸

信息线缆在进箱后应预留300mm。综合信息接入箱宜采用暗装式低位安装，箱体底边距离地面不应小于300mm。

二十五、了解有线电视系统的组成

1. 有线电视系统

有线电视系统（电缆电视，Cable Television，缩写 CATV）是用射频电缆、光缆、多频道微波分配系统（缩写 MMDS）或其组合来传输、分配和交换声音、图像及数据信号的电视系统。

2. 有线电视系统的组成

有线电视系统主要由信号源、前端、干线传输和用户分配网络组成。

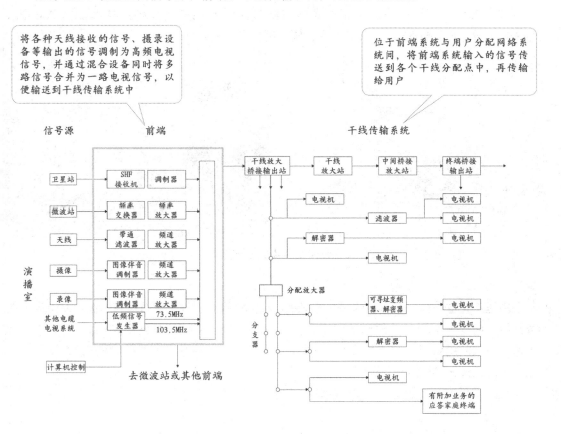

将各种天线接收的信号、摄录设备等输出的信号调制为高频电视信号，并通过混合设备同时将多路信号合并为一路电视信号，以便输送到干线传输系统中

位于前端系统与用户分配网络系统间，将前端系统输入的信号传送到各个干线分配点中，再传输给用户

有线电视系统构成示意

①信号源接收部分的主要任务是向前端提供系统欲传输的各种信号。它一般包括开路电视接收信号、调频广播、地面卫星、微波以及有线电视台自办节目等信号。

②前端部分的主要任务是将信号源送来的各种信号进行滤波、变频、放大、调制、混合等，使其适用于在干线传输系统中进行传输。

③干线传输部分主要任务是将系统前端部分所提供的高频电视信号通过传输媒体不失真地传输给分配系统。其传输方式主要有光纤、微波和同轴电缆三种。

④用户分配系统的任务是把从前端传来的信号分配给千家万户，它是由支线放大器、分配器、分支器、用户终端以及它们之间的分支线、用户线组成。

二十六、教你安装有线电视分配器

1. 有线电视分配器的作用

有线电视分配器可以将一路信号分配成多路信号，如将入户线分配给客厅、卧室、书房等。常见的有二分配器、三分配器、四分配器、六分配器等。

2. 有线电视分配器的安装

有线电视分配器可以分为螺旋式 F 头和冷压头两种。

①螺旋式 F 头。用小刀将有线电视线的绝缘层去掉，再把中间的屏蔽层向后折，然后把发泡层去掉一段，再把插入式 F 头插入，用尖嘴钳将抱箍夹紧即可。

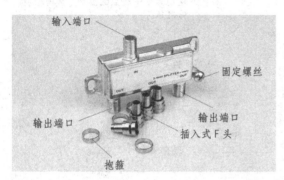
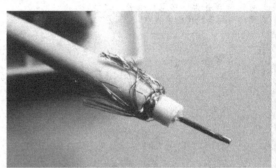

螺旋式 F 头安装示意

②冷压头。首先根据冷压头的尺寸把同轴电缆的绝缘层去掉，把露出来的编织网回折。在距离绝缘层约 3 ~ 5mm 处去掉铝箔和填充绝缘体，再把冷压头内管插到铝箔与编织网之间，将外管套在折回的编织网上，用力插入同轴电缆内，使安装上的冷压头内管与填充绝缘体平齐，然后用冷压工具把线和接头紧固好。

※ 注：芯线高于冷压头 3 ~ 5mm 即可。

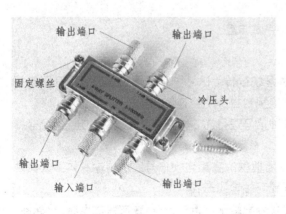
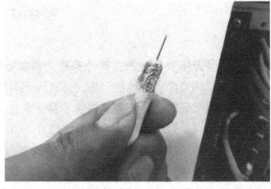

冷压头安装示意（一）

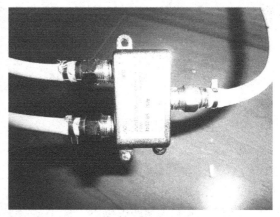

冷压头安装示意（二）

有线电视分配器连接注意事项

有线电视线最中间的铜线负责传输信号，其他的金属网是起到屏蔽作用的，它们不能够接触，否则会影响信号的接收效果。

外层的金属网与接头的接地端要接触良好，中间的铜芯与端子的中间针也要接触良好。

3. 有线电视分配器与分支器的区别

分配器以相同的信号强度输出到各个端口，如果家里几台电视机使用，都是使用分配器，分支器的输出是不均衡的，主干信号强，支路信号弱，一般用于多户人家使用同一路信号，是一路进行分支，最后分配。

二十七、教你连接电视插座

电视插座的连接方法如下。

①电缆端头剥开绝缘层露出芯线约 20mm，金属网屏蔽线露出约 30mm。

②横向从金属压片穿过，芯线接中心，屏蔽网由压片压紧，上紧螺丝。

③将面板安装固定。

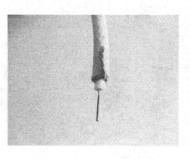

电视插座安装示意

二十八、教你连接电话线

1. 连接电话线的方法

总结性地来说，连接电话线就是将户外引入的两根线采用专用线加长，然后接装上专用接口即可。

2. 连接电话线的要求

①电话线分为二芯和四芯两种，一般电话用二芯电话连接就可以，二芯电话线没有极性的区分。

②若为四芯专用电话，则需要连接四芯线，四芯线必须按照顺序连接。

③若普通电话使用四芯线，则可以同时接装两部电话机，一般接法是两芯成一对，即红、蓝，绿、黄（白）。如果接一部电话机，则往往使用红、蓝线来接装，另外两根闲置即可。

④为了避免信号干扰，电话线距离电源或者其他高频信号最好保持1m以上的距离。

⑤同时安装两部电话机但不需要串线时，可以采用分机盒，中间的两根接一部，另外两根接一部。

没有极性的区别

二芯电话线

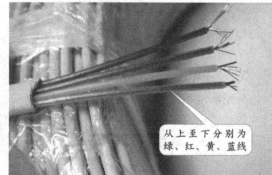

从上至下分别为绿、红、黄、蓝线

四芯电话线

二十九、教你连接四芯线电话插座

连接四芯线电话插座的方法如下。

①将电话线自端头约20mm处去掉绝缘皮，注意不能伤害导线芯。

②将四根线芯按照盒上的接线示意连接到端子上，有卡槽的放入卡槽中固定好。

③安装面板。

连接线与盒

三十、教你制作电话水晶头

1. 电话水晶头的种类

电话水晶头可分为输入线使用和听筒线使用两种，两种类型都有四个接线槽。可以通过以下方法进行区别：

①输入线水晶头比听筒线水晶头个头大；

②输入线的连接不分正负，将线插入中间两个槽中，再用压片压紧即可；

③听筒线中间的两个槽是麦克连接端，两边的是受话器连接端。

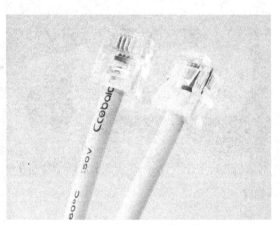

输入线水晶头

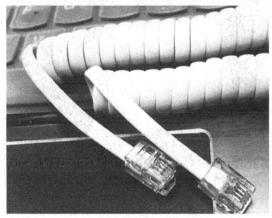

听筒线水晶头

2. 电话水晶头的制作

(1) 两芯线

①剥去距离端部约 50mm 处电话线的外层绝缘层，露出内芯（内芯绝缘层保留）。

②将内芯插入到水晶头中间的两个槽位中。

③将卡线钳套入，压紧。

④进行检测，有信号的电话线直流电压为 50 ～ 60V。

※ 注：如家里使用的是四芯线，按照红、蓝（黑）或绿、黄（白）的分组方式装接一组即可。

(2) 四芯线

其余操作步骤与两芯相同，接线时略有区别。四芯线接线顺序一般为蓝（黑）、红、绿、黄，两端是直接连接，中间两根为信号线，两边两根为数据线。

四芯线排序注意事项

当四芯线的两端都接水晶头时，需要注意两个水晶头中的接线顺序是相反的。

若将两个水晶头都背对自己，第一个水晶头上的内芯排序是从上到下为黄（白）、绿、红、蓝（黑），则第二个从下到上为黄（白）、绿、红、蓝（黑）。

三十一、教你连接网络线

1. 单台计算机的网线连接

①从电话线的接口连接一个分离器，一根接电话线，另一根接MODEM（就是常说的"猫"）的RJ11 ADSL端口，也就是MODEM上的LINE端口。

②将MODEM上的以太网（ETHER—NET）端口连接到计算机端口上。

※注：MODEM需要电源，上面的POWER为电源线插孔。

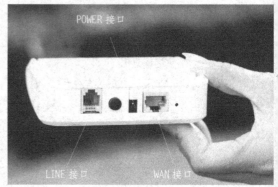

MODEM 结构

2. 多台计算机的网线连接

①与单台计算机第一步相同。

②将MODEM上的以太网（ETHER—NET）端口连接到路由器的以太网端口上。

③再由路由器上的以太网端口分别连接到不同的计算机上。

④如果家里使用弱电箱，MODEM、路由器和电源则均集中于弱电箱中，只要接网线、电源线以及到各个房间的网线即可。

※注：如果家里有笔记本电脑或使用智能手机上网，可以直接购买带有无线功能的路由器。

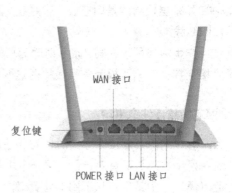

路由器结构

3. 网线的制作方式

双绞线的连接方法有两种：正常连接和交叉连接。

正常连接是将双绞线的两端分别都依次按白橙、橙、白绿、蓝、白蓝、绿、白棕、棕色的顺序（国际 EIA/TIA 568B 标准）压入 RJ45 水晶头内。这种方法制作的网线用于计算机与集线器的连接。

交叉连接是将双绞线的一端按国际标准 EIA/TIA 568B 标准压入 RJ45 水晶头内；另一端将芯线依次按白绿、绿、白橙、蓝、白蓝、橙、白棕、棕色的顺序（国际 EIA/TIA 568A 标准）压入 RJ45 水晶头内。这种方法制作的网线用于计算机与计算机的连接或集线器的级联。

4. 网线的制作步骤

①用压线钳将双绞线一端的外皮剥去 3cm，然后按 EIA/TIA 568B 标准顺序将线芯捋直并拢。

②将芯线放到压线钳切刀处，8 根线芯要在同一平面上并拢，而且尽量直，留下一定的线芯长度约 1.5cm 处剪齐。

③将双绞线插入 RJ45 水晶头中，插入过程均衡力度直到插到尽头。并且检查 8 根线芯是否已经全部充分、整齐地排列在水晶头里面。

 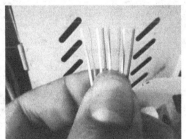 

网线制作示意（一）

④用压线钳用力压紧水晶头，抽出即可。

⑤一端的网线就制作好了，同样方法制作另一端网线。

⑥最后把网线的两头分别插到双绞线测试仪上，打开测试仪开关测试指示灯亮起来。如果正常网线，两排的指示灯都是同步亮的，如果有此灯没同步亮，证明该线芯连接有问题，应重新制作。

网线制作示意（二）

三十二、教你连接网络插座

网络插座的连接步骤如下。

①将距离端头 20mm 处的网线外层塑料套剥去，注意不要伤害到线芯，将导线散开。

②将线芯按照接线板上的指示接到端子或者压线槽中。

③连接牢固后，放回盒内，安装面板。

按照盒内的提示，将线连接

接好线后，固定内盒，安装面板

网络插座接线示意

三十三、了解灯具的安装要求

灯具的安装要求如下。

①灯具及配件应齐全，无机械损伤、变形、油漆剥落和灯罩破裂等缺陷。

②安装灯具的墙面、吊顶上的固定件的承载力应与灯具的重量相匹配。

③吊灯应装有挂线盒，每只挂线盒只可装一套吊灯。

④吊灯表面不能有接头，导线截面不应小于 $0.4mm^2$。重量超过 1kg 的灯具应设置吊链，重量超过 3kg 时，应采用预埋吊钩或螺栓方式固定。

⑤吊链灯具的灯线不应受拉力，灯线应与吊链编在一起。

⑥荧光灯作光源时，镇流器应装在相线上，灯盒内应留有余量。

⑦螺口灯头相线应接在中心触点的端子上，零线应接在螺纹的端子上，灯头的绝缘外壳应完整、无破损和漏电现象。

⑧固定花灯的吊钩，其直径不应小于灯具挂钩，且灯的直径最小不得小于 6mm。

⑨采用钢管作为灯具的吊杆时，钢管内径不应小于 10mm；钢管壁厚度不应小于 1.5mm。

⑩以白炽灯作光源的吸顶灯具不能直接安装在可燃构件上；灯泡不能紧贴灯罩；当灯泡与绝缘台之间的距离小于 5mm 时，灯泡与绝缘台之间应采取隔热措施。

⑪软线吊灯的软线两端应作保护扣，两端芯线应搪锡。

⑫同一室内或场所成排安装的灯具，其中心线偏差不应大于 5mm。

⑬灯具固定应牢固。每个灯具固定用的螺钉或螺栓不应少于 2 个。

三十四、了解不同灯具的特点

家中常用的灯具包括吊灯、射灯、台灯、壁灯、筒灯、灯带等，均有不同的特点。

①吊灯。吊灯是最为普及的室内照明灯具，能够提供全面的照明光线，安装带有调光的遥控器就可以调整光线的强弱。

②射灯。属于聚光灯，可以单独照射重点区域，例如装饰画、摆件等。

吊灯安装效果

射灯安装效果

③台灯。台灯可分为落地灯和台式灯，可以将光线投射到不同的水平面上，呈现出独特的光线，是最佳的阅读光源。

④壁灯。壁灯有投射、晕染等多种光线效果，具有聚焦视线的效果，是少数的、可以安装在墙壁上的灯具。壁灯的装饰作用比较突出，很适合用在卧室或过道中。

台灯安装效果

壁灯安装效果

⑤筒灯。筒灯可以嵌入到天花板、家具中，可以形成一个焦点区域，具有强调作用。

⑥灯带。可以用日光灯管也可以用蛇形灯管来塑造，多用来营造层次感。

筒灯安装效果

灯带安装效果

三十五、教你安装普通座式灯头

普通座式灯头的安装步骤如下。

①将电源线留足维修长度后剪除余线并剥出线头；

②区分相线与零线，对于螺口灯座中心簧片应接相线，不得混淆；

③用连接螺钉将灯座安装在接线盒上。

座式灯头

三十六、教你安装吊线式灯头

吊线式灯头的安装要点如下。

①将电源线留足维修长度后剪除余线并剥出线头；

②将导线穿过灯头底座，用连接螺钉将底座固定在接线盒上；

③根据所需长度剪取一段灯线，在一端接上灯头，系好保险扣，接线时区分相线与零线，螺口灯座中心簧片应接相线，不能混淆；

④多股线芯接头应搪锡，连接时接头均应按顺时针方向弯钩后压上垫片用灯具螺钉拧紧；

⑤将灯线另一头穿入底座盖碗，灯线在盖碗内应系好保险扣并与底座上的电源线用压接帽连接；旋上扣碗。

吊线式灯头

三十七、教你安装日光灯（荧光灯）

1. 吸顶式日光灯安装

①打开灯具底座盖板，根据图线确定安装位置，将灯具底座贴紧建筑物表面，灯具底座应完全遮盖住接线盒，对着接线盒的位置开好进线孔；

②比照灯具底座安装孔用铅笔画好安装孔的位置，打出尼龙栓塞孔，装入栓塞（如为吊顶板上背木龙骨或因钢龙骨用自攻螺钉固定）；

③将电源线穿出后用螺钉将灯具固定并调整位置以满足要求；

④用压接帽将电源线与灯内导线可靠连接，装上启辉器等附件；

⑤盖上底座盖板，装上日光灯管。

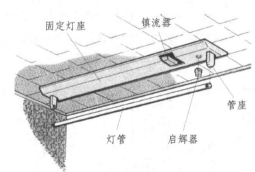

吸顶式日光灯安装示意

2. 吊链式日光灯

①根据图纸确定安装位置，确定吊链吊点；

②打出尼龙栓塞孔，装入栓塞；

③用螺钉将吊链挂钩固定牢靠；

④根据灯具的安装高度确定吊链及导线长度,打开灯具底座面板,将电源线与等内导线连接;

⑤装上启辉器等附件;

⑥盖上底座,装上日光灯管;

⑦将日光灯挂好;

⑧将导线与接盒内电源线连接;

⑨盖上接线盒盖板并理顺垂下的导线。

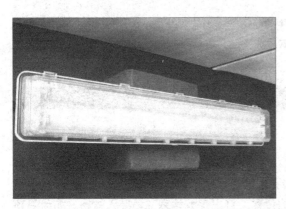

灯具及吊链

三十八、教你安装吸顶灯、壁灯

吸顶灯、壁灯的安装要点如下。

①对照灯具底座画好安装孔的位置,打出尼龙栓塞孔,装入栓塞（如为吊顶可在吊顶板上背木龙骨或轻钢龙骨用自攻螺钉固定）;

②将接线盒内电源线穿出灯具底座,用螺钉固定好底座;

③将灯内导线与电源线用压接帽可靠连接;

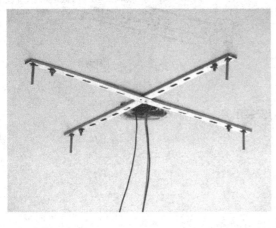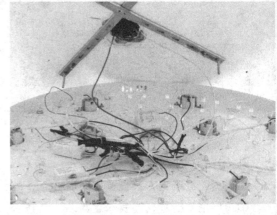

吸顶灯安装示意（一）

④用线卡或尼龙扎带固定导线以避开灯泡发热区；

⑤上好灯泡，装上灯罩并上好紧固螺钉；

⑥安装在室外的壁灯应有泄水孔，绝缘台与墙面之间应有防水措施；

⑦安装在装饰材料（木装饰或软包等）上的灯具与装饰材料间应有防火措施。

吸顶灯安装示意（二）

三十九、教你安装嵌入式灯具（光带）

嵌入式灯具（光带）的安装要点如下。

①根据安装的位置及尺寸开孔；

②将吊顶内引出的电源线与灯具电源线的接线端子可靠连接；

③将灯具推入安装孔或者用固定带固定；

④调整灯具边框；

⑤如果灯具采用对称形式，纵向中心轴应在同一条连线上。

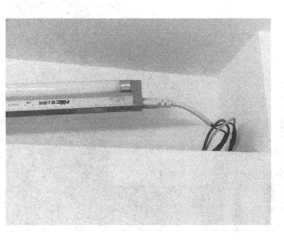

嵌入式光带安装示意

四十、教你组装花灯

1. 花灯的组装

①按照说明书将各个部件组装起来；

②灯内留线的长度要适宜，多股软线线头需要搪锡，且注意配线颜色应统一；

③灯座中心的弹簧片用来接相线；

④用线卡或尼龙捆扎带固定导线，避开灯泡发热区。

2. 花灯的安装

①应预先根据位置及尺寸开孔，若为悬挂式需要安装吊钩；

②将组装好的灯具托起，用预埋好吊钩挂住灯具内的吊钩；

③捋顺各个灯头和另一端的相线与中性线；

④将吊顶内引出的电源线与灯具电源的接线端子可靠连接；

⑤若为吊灯，将电源接线从吊杆中穿出；

⑥将灯具推入安装孔固定；

⑦调整灯具边框。如灯具对称安装，其纵向中心轴线应有同一直线上，偏斜不应大于5mm；

⑧安装灯泡、灯罩。

花灯安装效果

四十一、教你安装吊扇与壁扇

1. 吊扇的安装

(1) 安装步骤

固定吊件→组装电扇→固定电扇→调试。

(2) 安装要求

①吊钩挂上吊扇后，吊扇的重心与吊钩直线部分应在同一直线上；

②吊钩应能够承受吊扇的重量与运转时的作用力，吊钩的直径不能小于吊扇悬挂销钉的直径，且不能小于8mm；

③安装吊扇必须预埋吊钩或螺栓，且必须牢固可靠；

④吊钩伸出长度应以盖上风扇吊杆护罩后能将整个吊钩全部罩住为宜。

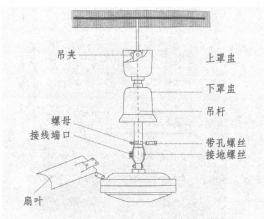

吊扇安装示意

2. 壁扇的安装

(1) 安装步骤

固定螺栓→组装电扇→固定电扇→调试。

(2) 安装要求

①壁扇底座采用尼龙塞或膨胀螺栓固定；

②尼龙塞或膨胀螺栓的数量不少于2个，直径不小于8mm，固定牢固可靠；

③壁扇防护罩扣紧，固定可靠；

④当运转时扇叶和防护罩无明显颤动和异常声响；

⑤为了不妨碍人的活动，壁扇下边缘距离地面的高度不宜小于1.8m；

⑥底座平面的垂直偏差不宜大于2mm。

壁扇安装效果

四十二、教你做浴霸布线与安装

1. 浴霸布线要求

①严禁带电作业，应确保电路断开后才能进行接线操作。开关盒内的线不宜过长，接线后尽量将电线往里面送，不要强硬地塞进去。

②电线在吊顶内不能乱放，配管后走向应明确，做到横平竖直，配管的接线盒或者转弯处应设置两侧对称的支吊架固定电线管，或者配备管卡。

③分线盒也可以在打孔下木楔后，用铁钉固定，不能无任何固定措施而放在龙骨或者吊杆上。

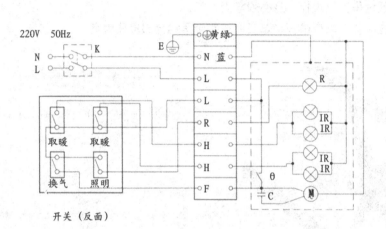

浴霸接线图

2. 浴霸安装

安装步骤：确定浴霸类型→确定安装位置→开通风孔→安装通风窗→安装浴霸。

①确定浴霸安装位置。

②开通风孔。

③安装通风窗。

④吊顶准备。

制作浴霸的固定框

⑤将浴霸固定在天花板上。

a．取下面罩把所有灯泡拧下，将弹簧从面罩的环上脱开并取下面罩。

b．按浴霸开关接线图所示交互连软线的一端与开关面板接好，另一端与电源线一起从天花板开孔内拉出，打开箱体上的接线柱罩，按接线图及接线柱标志所示接好线，盖上接线柱罩，用螺钉将接线柱罩固定。然后将多余的电线塞进吊顶内，以便箱体能顺利塞进孔内。

c．把通风管伸进室内的一端拉出套在离心通风机罩壳的出风口上。

d．将箱体推进孔内，根据出风口的位置选择正确的方向把浴霸的箱体塞进孔穴中。

e．用 4 颗直径 4mm、长 20mm 的木螺钉将箱体固定在吊顶木档上。

⑥安装面罩。将面罩定位脚与箱体定位槽对准后插入，把弹簧勾在面罩对应的挂环上。

⑦安装灯泡。旋转安装灯泡，使之与灯座保持良好电接触，然后将灯泡与面罩擦拭干净。

⑧固定开关。将开关固定在墙上，以防止使用时电源线承受拉力。

固定浴霸

浴霸安装注意事项

因通风管的长度为 1.5m，在安装通风管时须考虑产品安装位置中心至通风孔的距离请勿超过 1.3m。

划线与墙壁应保持平行，最好在浴室装修时，就把浴霸安装考虑进去，并做好相应的准备工作。

拆装红外线取暖泡时，手势要平稳，切忌用力过猛。

通风管的走向应保持笔直。

电线不应搁碰在箱体上。

为保持浴室美观，互连软线最好在装修前预埋在墙体内。

四十三、教你安装排气扇

排风扇的安装要领如下。

①安装前应检查风机是否完整无损，各紧固件螺栓是否有松动或脱落，叶轮有无碰撞风罩。

②安装时应注意水平位置，与地基平面应水平，安装后不可有倾斜现象。

③排气扇安装必须可靠、牢固。

④与屋顶之间的距离必须达到 0.05m 以上，与地面应相距 2.3m 以上。

⑤接线时，电源线中的黄绿双色线必须要接地。

⑥固定后若如有空隙，可用玻璃胶进行密封。

⑦安装完成后，用手或杠杆拨动扇叶，检查是否有过紧或擦碰现象，有无妨碍转动的物品。无异常现象，方可进行试运转；运转中如出现异常声响应检查修复再使用。

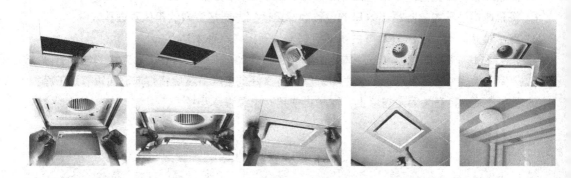

顶面内嵌式排气扇安装示意

排风扇安装注意事项

尽量靠近原有风道风口，并符合管线最短原则。

尽量靠近异味或潮气容易产生的位置，这样符合效率最高原则。

不宜装在淋浴部位正上方，否则产生气流使身体感到不适，且气温低时，热量损失大。

结合吊顶造型、分块、灯饰等，在美观上做统一考虑。

四十四、教你安装燃气热水器

1. 安装燃气热水器的距离要求

①热水器的安装高度以热水器的观火孔与人眼高度相齐为宜，一般距地面 1.5m，排烟口离顶棚距离应大于 600mm。

②热水器应安装在耐火的墙壁上，与墙的净距应大于 20mm，安装在非耐火的墙壁上时，应加垫隔热板，隔热板每边应比热水器外壳尺寸大 100mm。

③热水器与燃气表、燃气灶的水平净距不得小于 300mm。

④热水器的上部不得有电力明线、电器设备和易燃物，热水器与电器设备的水平净距应大于 300mm，其周围应有不小于 200mm 的安全间距。

2. 燃气热水器的安装要求

①热水器应安装在通风良好的房间或过道中，房间的高度应大于 2.5m，不能安装在橱柜中，散热不好会有安全隐患。

②安装热水器时，应保证烟道排气的通畅。

③勿将机器安装在抽风扇与煤气灶之间，否则可能引起故障和不完全燃烧。

④燃气管应明设，连接燃气热水器的燃气管应使用镀锌管，不宜用橡胶软管连接。

⑤热水器应安装在操作、检修方便又不易被碰撞的位置。

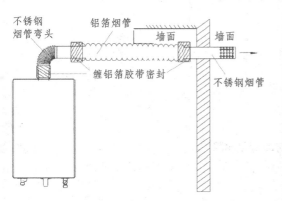
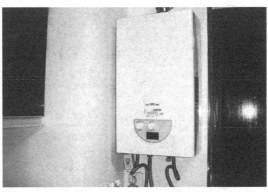

燃气热水器安装示意

四十五. 教你安装电热水器

1. 电热水器的安装环境要求

①电热水器应安装在承重墙上，墙体必须是实心墙，如果无法准确判断是否承重墙，要在热水器下面加装支架支撑。

②横挂式电热水器右侧需与墙面至少保持30cm距离，以便维护保养。

③电热水器不要安装在天花吊顶内，不便于电热水器的保养和维护，影响产品的排水，影响安全阀加热时泄压，存在损坏天花吊顶隐患。

④安装环境应是比较干燥通风、无其他腐蚀性物质存在，水和阳光不能直接接触的地方。

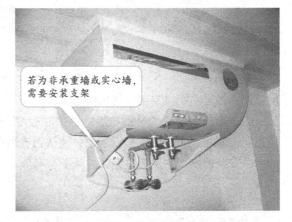

若为非承重墙或实心墙，需要安装支架

电热水器安装效果

⑤电热水器下方需有可靠的有效排水地漏，以便排水。

⑥电热水器供电的插座应符合使用安全的独立固定三极插座（不得使用活动插座），插座与电热水器插头应匹配。

⑦电热水器的水压正常，一般不超过0.7MPa，如水压过高，一定要在前面加装减压阀；且泄压阀需要安装导流管，引到地漏或排水处。

2. 电热水器的要求

①先将热水器挂在墙面上、再装水路。

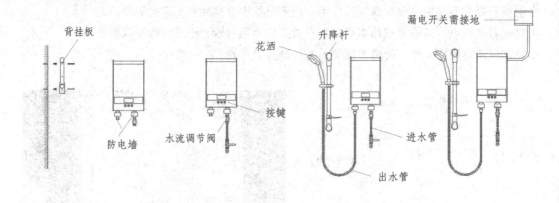

即热型电热水器安装示意

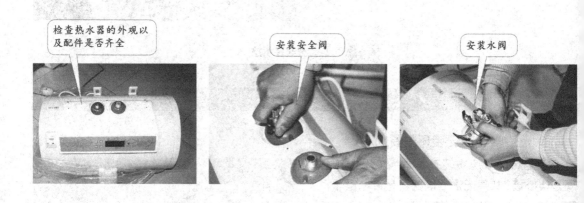

②水路安装，必须选用 PPR 材料的卫生水管，水管连接应用密封圈可靠连接，安全阀应直接与热水器进水接口连接，再连接水管。

③水路安装前必须辨别与热水器相对应冷、热水接口位置，并清理管内污物，并辨别其水路走向及管路连通的设施是否合理，确认正确后再安装。

④安装热水器的正下方地面必须要有有效排水地漏。

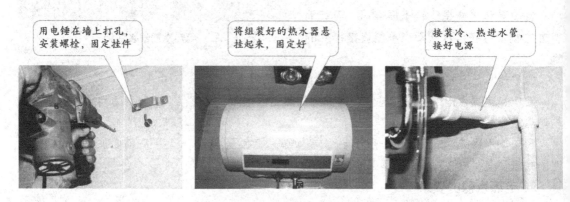

储水型电热水器安装示意

四十六、关注等电位联结，让生命无忧

1. 什么是等电位

等电位是指两点之间的电压相等或接近。等电位不是零电位和地电位，因此不能与接零和接地混淆，不能相互替代。等电位两点的电压可以分别是从 0V 到任意数值。

根据欧姆定律：$I=(U_a-U_b)/R$，人在卫生间洗浴时，由于人体电阻大幅降低，通过人体的电流就会增大，所以极易发生触电。

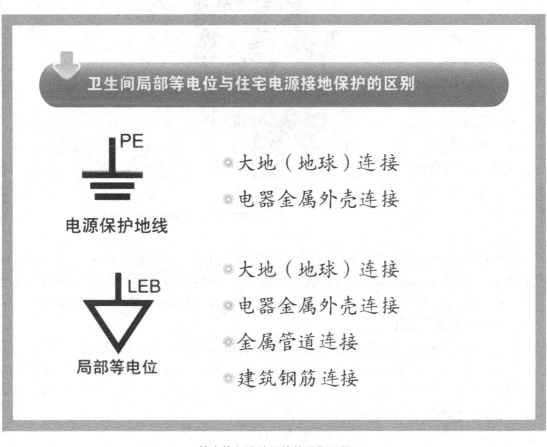

等电位与接地保护的区别图解

2. 等电位的设置方式

I（通过人体的电流）$=[U_a$（手接触的电位）$-U_b$（脚接触的电位）$]/R$（人体电阻），如果 $U_a=U_b$，无论人体电阻怎样变化，通过人体的电流永远为零。

卫生间等电位就是根据以上原理，通过导体（电线、连接线、抱箍）将卫生间洗浴时脚站立的地面 b（原建筑内扁钢）与伸手触及的可能带电的通水金属管道和家电的金属外壳 a 相连接，使得两点间由于漏电、雷电、静电而产生的危险电位相等，这样就保证了卫生间的洗浴安全。

3. 更有效的预防触电措施

既然合格的电热水器和漏电保护器不能完全避免洗浴触电，那么有没有一种更有效的防范措施呢？实际上，20 世纪 70 年代，国际上就对频繁发生的洗浴触电引进行了高度重视。

IEC（国际电工标准委员会）将卫生间列为住宅高危电击场所，明确提出"防漏电、防静电、防雷电"的要求，并制定了严格的国际标准。

迄今为止 40 余年，全球未见一例安装等电位装置后，发生洗浴触电的报道。

我国 1997 年引入国际标准，2005 年以后的新建住宅，卫生间预留等电位装置，成为必需的交付条件。

多数家庭中等电位连接形同虚设图解

遗憾的是，这样一个关乎每个人生命安全的重要防护装置，在我国近 10 年，并未引起消费者的重视。当今，中国成为每年发生洗浴触电伤亡事件最多的国家。虽然数亿家庭已有的卫生间局部等电位装置，但并未进行有效的联结，成了摆设，甚至在装修工程中被损毁和封闭。

4. "法拉第笼"定律

鸟站在高压线上为什么不会触电，是因为鸟的两脚间电位相等，没有电位差。

既然我们无法完全消除各种原因的故障电压，那么如果将洗浴时站立的地面，与手能触摸到的卫生间内任何可导电物体进行联结导通，即使有再高的危险电压产生，但此时手脚之间电压相等，没有电位差，就不会有电流通过人体。

这就是局部等电位的原理，在科学界称为"法拉第笼"定律。

建筑时，将卫生间地面、墙面或圈梁的钢筋，经过特殊联结成互通的整体，通过预留的镀锌扁钢，在装修时与外露的可导电部件进行联结，就组成了卫生间局部等电位装置。

虽然等电位装置不能避免故障电压的发生，但是一定能够保证等电位范围内的洗浴安全。

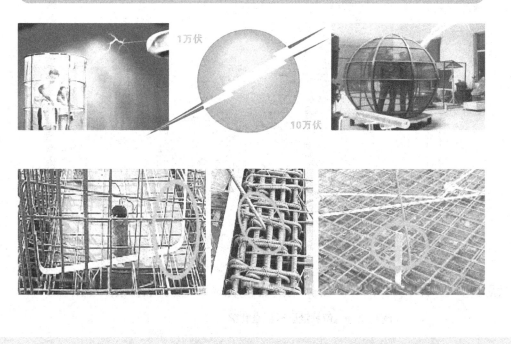

"法拉第笼"原理与卫生间建筑内部等电位结构图解

5. 如何联结卫生间等电位

那么卫生间等电位应该怎样联结呢?

首先,洗浴时伸手可以触摸到暴露在墙体外的、通水的金属管道和部件,应通过导线与等电位装置联通,使导电的金属部分与地面电位相等。

其次,卫生间所有插座中的 PE 线,也就是我们俗称的地线,应分别用导线与等电位装置联通,使导电的电器外壳与地面电位相等。

更换等电位箱

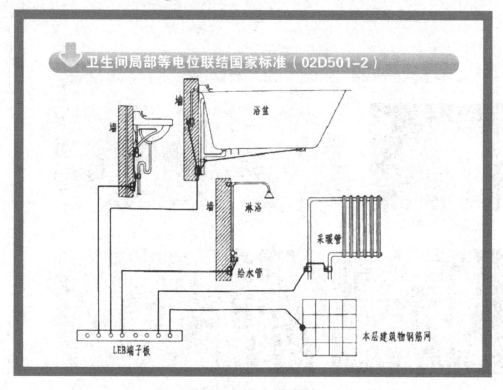

卫生间局部等电位联结国家标准图解

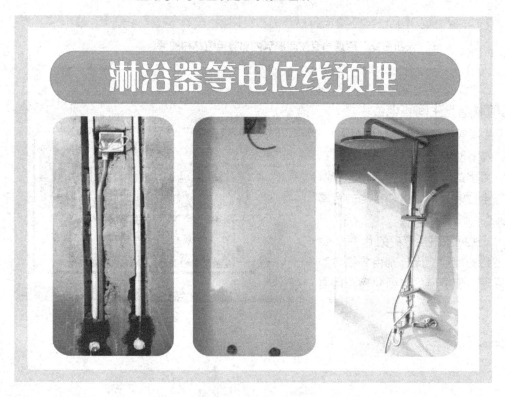

淋浴器等电位线预埋示意

洗手池等电位线预埋

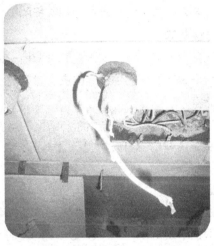

洗手池等电位线预埋示意

卫生间插座等电位线预埋

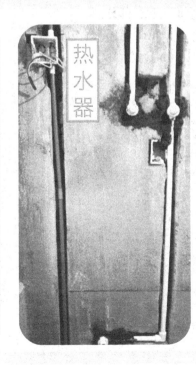

热水器

电源

坐便器

插座等电位线预埋示意

四十七、教你安装洗碗机

1. 洗碗机安装前需要考虑的事项

①洗碗机应使用专用的电源插座，在埋线时就将其考虑进去，连接到厨房电器专用回路中。

②安装洗碗机的位置，在水电进行施工时，应预留电源插座、给水、排水的位置。

③电源插座、给水、排水的位置应根据选择的型号而定，不同型号的洗碗机会有差别。

2. 洗碗机安装要求

①洗碗机可以独立安装，也可嵌入安装与橱柜一体，此种方式应注意要远离热源、积水。

②如果洗碗机安装在厨房的拐角处，应注意开门不受阻碍。

3. 进水管安装

①进水管的端部接进水阀，将进水管与适配的水管接头连接，并确认牢靠程度。

②检查水龙头是否漏水，打开水龙头让水流一会儿，将杂质和浑水流出，在将洗碗机的进水管连接。

4. 排水管安装

①排水管的末端可以直接插入直立式下水道端口中，也可与洗碗池共用一个下水口。

②如果下水管的末端是平的，需连接一个向上的90°弯头，且向上延伸10～20cm后，再将排水管末端插入其中。

③排水管不可浸入到下水管内的水面中，以防废水倒流。

④任何情况下，排水管的最高部分距离地面都应在40～100cm之间，下水管的端口应高于自本端口起到本部分下水汇入主下水管的连接口之间的任何部分。

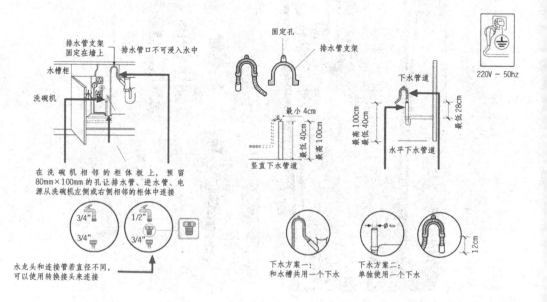

洗碗机安装示意